国家中等职业教育改革发展示范学校建设成果系列教材

电子产品生产工艺

主　编　赵争召
副主编　王　东　王　力
参　编　李登科　范文敏　石　波
主　审　苏永昌

中国铁道出版社
CHINA RAILWAY PUBLISHING HOUSE

内容简介

本书主要介绍电子产品生产及工艺等内容。本书将电类专业电子产品生产方向岗位群所涉及的电子产品生产、组装、调试、生产线管理等核心知识和技能，浓缩为安全生产管理、生产工艺文件识读与编制、元件整形与插装、电子产品装配、电子产品的调试工艺等5个项目及附录A生产现场管理，根据生产实践过程，采用任务驱动的方式编写而成。

本书适合作为中等职业学校电类专业的教材，也可作为电子产品生产岗位的从业培训用书。

图书在版编目（CIP）数据

电子产品生产工艺/赵争召主编．—北京：中国铁道出版社，2013.4（2016.2 重印）
国家中等职业教育改革发展示范学校建设成果系列教材
ISBN 978－7－113－15967－2

Ⅰ.①电…　Ⅱ.①赵…　Ⅲ.①电子产品－生产工艺－中等专业学校－教材　Ⅳ.①TN05

中国版本图书馆 CIP 数据核字（2013）第 005600 号

书　　名：**电子产品生产工艺**
作　　者：赵争召　主编

策　　划：李中宝　陈　文
责任编辑：李中宝　鲍　闻
封面设计：付　巍
封面制作：白　雪
责任印制：李　佳

出版发行：中国铁道出版社（100054，北京市西城区右安门西街8号）
网　　址：http://www.51eds.com
印　　刷：虎彩印艺股份有限公司
版　　次：2013年4月第1版　　2016年2月第2次印刷
开　　本：787mm×1092mm　1/16　　**印张**：8　**字数**：183千
印　　数：2 001~2 500
书　　号：ISBN 978－7－113－15967－2
定　　价：20.00元

编审委员会

序

PREFACE

教材建设是国家中等职业教育改革发展示范学校建设的重要内容，作为第一批国家中等职业示范学校的重庆市渝北职业技术教育中心，成立了由职业教育课程专家、教材专家、行业专家、优秀教师和高级编辑组成的五位一体的专业教材建设专家组，开发设计了符合技术技能型人才成长规律，反映经济发展方式转型、产业结构调整升级要求的新理念、新知识、新工艺、新材料、新技能的发展改革示范教材。

职业教育承担着帮助学生构建专业理论知识体系、专业技术框架体系和相应职业活动逻辑体系的任务，而这三个体系的构建需要通过专业教材体系和专业教材内部结构得以实现，即学生的心理结构来自于教材的体系和结构。为此，这套教材的设计，依据不同课程教材在其构建知识、技术、活动三个体系中的作用，采用了不同的教材内部结构设计和编写体例。

承担专业理论知识体系构建任务的教材，强调了专业理论知识体系的完整与系统，不强调专业理论知识的深度和难度；追求的是学生对专业理论知识整体框架的把握和应用，不追求学生只掌握某些局部内容及其深度和难度。

承担专业技术框架体系构建任务的教材，注重让学生了解这种技术的产生与演变过程，培养学生的技术创新意识；注重让学生把握这种技术的整体框架，培养学生对新技术的学习能力；注重让学生在技术应用过程中掌握这种技术的操作，培养学生的技术应用能力；注重让学生区别同种用途的其他技术的特点，培养学生职业活动过程中的技术比较与选择能力。

承担职业活动体系构建任务的教材，依据不同职业活动对所从事人特质的要求，分别采用了过程驱动、情景驱动、效果驱动的方式，形成了“做中学”的各种教材的结构与体例。《数控车削编程与技能训练》等技术类专业教材，采用过程导向的教材结构，反映了技术职业活动的过程导向特点。这对于培养从事制造业等技术技能型人才的过程导向的思维方式、行为的标准规范、准确的技术语言，特别是对尊重工艺规范和追求标准与精度价值的敏感特质的形成是十分有效的。《地陪导游操作实务》等服务类专业教材，采用情景导向的教材结构，反映了服务职业活动的情景导向特点。这对于培养从事旅游业技能型人才的个性化服务理念，情景导向的思维方式、规范而又不失灵活的行为方式、富有情感的语言和交往沟通能力，特别是对游客的情感和服务情景的敏感特质，起到了积极的促进作用。《Flash CS4 中文版动画制作》等文化艺术类专业教材，采用效果导向的教材结构，反映了文化艺术职业活动的效果导向特点。这对于培养从事文化艺术职业的技能型人才效果导向的思维方式、超越常规的行为方式、夸张并富有情感的语言能力，特别是对人性与不同人群情感把握的敏感特质，起到了十分关键的作用。

在每一本教材的教材目标、教材内容、教材结构、教材素材的设计和选择上，充分利用教材所承载的课程标准与国家职业资格标准、课程内容与典型职业活动、教学过程与职业活动逻辑、教材素材与职业活动案例的对接，力图去实现工学结合。因此，这套教材不但符合我国经济发展方式转变、产业结构调整升级的新形势，也符合“做中学、学中做”的教学方法，有利于学生职业素质和职业能力的形成。

这套由专业理论知识体系教材、技术框架体系教材和职业活动逻辑体系教材构成的专业教材体系，由课程标准与国家职业资格标准、课程内容与典型职业活动、教学过程与职业活动逻辑、教材素材与职业活动案例的对接形成的教材，不但有利于学生的就业，也为学生的升学和职业生涯的发展奠定了基础。

2012 年 11 月

前言

FOREWORD

近年来，我国的电子电信产业在规模和产品质量上都得到了迅猛的发展，成为世界上电子产品的生产大国，电子电信产品更是销往世界各地。在这个大环境下，电子生产行业产生大量的工作岗位，需要大量的技术工人，这对中等职业学校的电类专业而言，是难得的发展机遇。面对新的形势和用工需求，中职电类专业必须与时俱进、改革创新，为行业和企业提供更多更好的技术工人，而教材改革则是其中的一个重要环节。为此，我们经过充分的行业调研，通过座谈研讨会、企业访谈、员工交流和问卷调查、中职毕业生回访等方式，得到充足的行业需求信息，在此基础上，根据“以素质教育为基础，以就业为导向，以能力为本位，促进学生的全面发展”的指导思想编写了本书。在本书编写过程中，我们力求按照岗位能力要求和行业规范来设置内容，体现行业发展趋势和要求，与行业技术标准、技术发展现状及产业实际紧密联系，以任务驱动的方式组织教材内容。

本书以培养学生的动手能力为目标，以小型电子产品为载体，把现代电子产品生产工艺相应的内容融入到工作任务中，具体直观地介绍了电子产品生产的基本工艺和操作技能。本书包含了安全生产管理、生产工艺文件识读与编制、元器件整形与插装、电子产品装配、电子产品调试工艺、生产现场管理等6个板块的内容。本书具有以下特点：

（1）内容紧密联系生产岗位。根据企业生产岗位的实际需求来组织教材内容，与生产一线相结合，学以致用，克服教学与实际工作岗位脱节的现象，培养学生解决工作岗位实际问题的能力。

（2）处理好知识与技能的关系。中职教育的目标是为企业培养高素质的技术工人，这些工作要求具备较强的专业技能，也要求具有一定的专业知识。所以在本书的编写中，重视实践技能的训练，也作一定的基础知识要求，让学生理论联系实际，具备更扎实的专业功底。

（3）内容展现方式多样化，更具可读性。本书在编写过程中，努力适应中职学生的认知特点，采用多种方式来组织内容，突破满页单调的文字的传统方式，而以图文并茂、生动形象的方式呈现内容，让学生更易学、更愿学。

本书是依托国家示范校建设平台，在电子行业人士刘渝和黄超明的指导下进行开发的，由重庆市渝北职业教育中心赵争召担任主编，王东、王力担任副主编，苏永昌担任主审。参与编写的还有李登科、范文敏、石波等。

由于作者水平所限，书中难免存在不妥不当之处，欢迎读者批评指正。

编　者

2013 年 2 月

目 录

CONTENTS

项目一

安全生产管理

【知识目标】

- 熟悉安全文明生产的主要内容；
- 熟悉用电安全的基本知识；
- 熟悉“5S”现场管理要求。

【技能目标】

- 能够按照安全文明生产要求进行安全生产操作；
- 能够进行触电急救；
- 能够根据“5S”现场管理要求改善自身的工作环境。

【情景导入】

一电子公司某车间发生一起触电事故，造成一名操作人员死亡，直接经济损失约80万元。事故直接原因：电子公司外包队操作人员安全意识淡薄，没有电工作业资格，从事电工作业时违反作业程序，盲目操作。事故的间接原因：公司作为工程发包方，对工程外包队的安全监管不力，未能确认其施工资质，对进厂作业的人员未能进行有效的安全教育。

安全事故既会造成生命财产的巨大损失，也会影响生产进度。每一个企业和单位都必须对新进员工进行安全教育，贯彻操作规程，在文明生产的环境中按标准化作业来保证产品质量，提高工作效率，杜绝安全事故的发生，从而确保安全生产。本项目主要让员工在“5 S”的现场管理下进行安全文明生产。

任务一

安全文明生产

任务描述

以某厂招收新员工，进行新工人入厂“三层教育”，让新员工成为一名合格的安全文明生产工人的过程为主线，介绍企业安全文明生产管理。

知识准备

1. 现场文明生产的要求

文明生产就是创造一个布局合理、整洁优美的生产和工作环境，养成遵守纪律和严格执行工艺操作规程的习惯。文明生产是保证产品质量和安全生产的必要条件。文明生产在一定程度上反映了企业的经营管理水平、职工的技术素质和精神面貌，具体表现为：具备整齐优美的工作环境、保养良好的生产设备、符合安全的生产习惯和有条不紊的生产秩序等。文明生产的内容如图 1–1 所示。

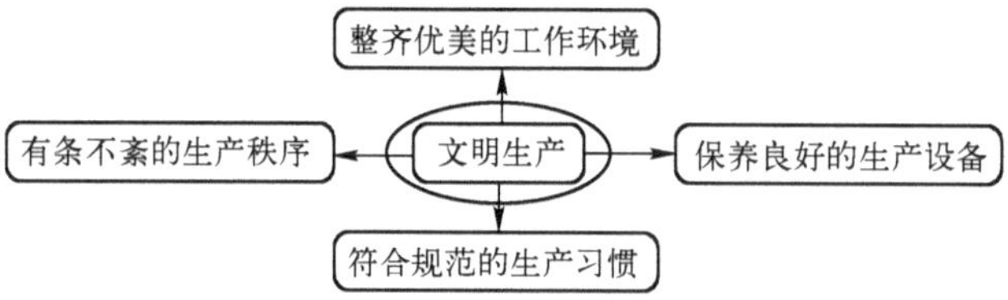

图 1–1　文明生产的内容

2. 文明生产与安全的关系

许多文明生产的基本要求都直接影响安全生产。保持工作场所的清洁，不仅创造一个优美的工作环境，而且消除了不安全的因素，形成安全生产环境。清理清扫油污、液体，可以防止人员滑倒、摔伤，杜绝原料的跑、冒、滴、漏等现象，不仅可以创造一个好的工作环境，而且可以消除有毒、有害的气体和粉尘的危害，防止易燃、易爆气体达到爆炸点而实现防爆的目的。养成良好的生产习惯，是建立正常生产秩序，贯彻执行安全操作规程的必要要求，因此，实行文明生产对保证生产安全具有重要意义。

3. 安全教育

企业必须对员工进行安全教育，以加强员工的安全意识，确保安全生产。安全教育的规定如图 1–2 所示。

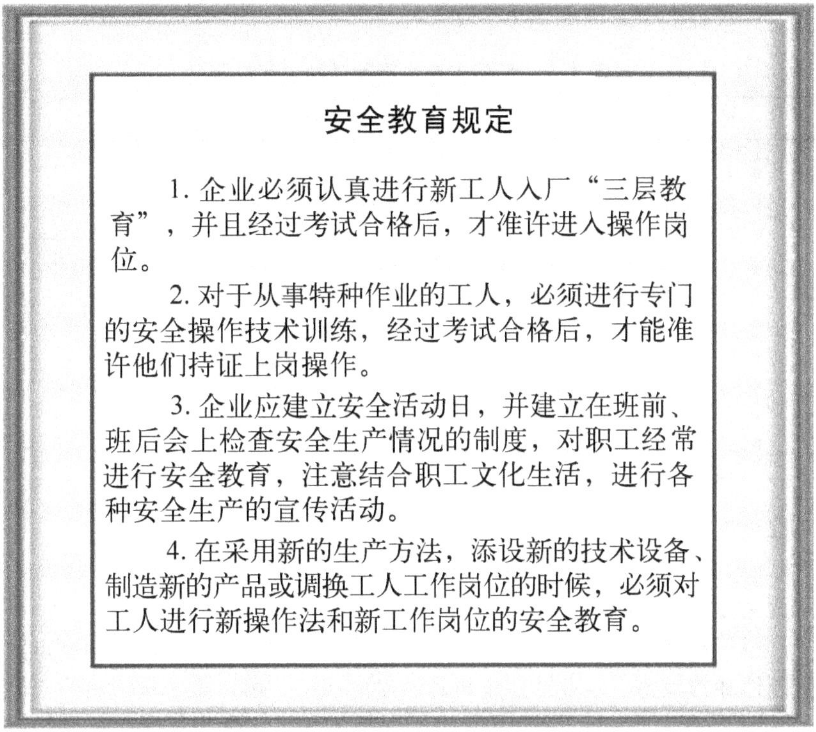

安全教育规定

1. 企业必须认真进行新工人入厂“三层教育”，并且经过考试合格后，才准许进入操作岗位。

2. 对于从事特种作业的工人，必须进行专门的安全操作技术训练，经过考试合格后，才能准许他们持证上岗操作。

3. 企业应建立安全活动日，并建立在班前、班后会上检查安全生产情况的制度，对职工经常进行安全教育，注意结合职工文化生活，进行各种安全生产的宣传活动。

4. 在采用新的生产方法，添设新的技术设备、制造新的产品或调换工人工作岗位的时候，必须对工人进行新操作法和新工作岗位的安全教育。

图 1-2　安全教育的规定

4. 安全事故

安全事故是指生产经营单位在生产经营活动（包括与生产经营有关的活动）中，突然发生的伤害人身安全和健康，或者损坏设备设施造成经济损失，导致原生产经营活动暂时中止或永远终止的意外事件。

任务实施

某厂对新入厂员工进行安全文明生产教育，形式为“三层教育”，即厂级安全生产教育→车间级安全生产教育→班组级安全生产教育。

1. 接受厂级安全生产教育

对员工的厂级安全生产教育一般采用集中进行的方式，通过集中学习、听讲座、现场观摩等方式来完成，员工接受厂级教育培训如图 1-3 所示。

图 1-3　员工接受厂级教育培训

厂级安全生产教育的主要内容见表1–1。

表1–1 厂级安全生产教育的主要内容

项　　目	主　要　内　容
厂级安全教育	◆ 工厂的性质及其主要工艺过程； ◆ 我国安全生产的方针、政策法规和管理体制； ◆ 本企业劳动安全卫生规章制度及执行状况，本企业的劳动纪律和有关事故案例； ◆ 工厂内特别危险的地点和设备及其安全防护注意事项； ◆ 新工人的安全心理教育； ◆ 有关机械、电气、起重、运输等安全技术知识； ◆ 有关防火防爆和工厂消防规程的知识； ◆ 有关防尘防毒的注意事项； ◆ 安全防护装置和个人劳动防护用品的正确使用方法； ◆ 新工人的安全生产责任制

本项目主要培训的内容如下：

（1）《中华人民共和国安全生产法》明确规定，我国的安全生产管理工作，必须坚持“安全第一，预防为主，综合治理”的方针。

（2）遵守厂纪厂规和劳动纪律。厂纪厂规是企业根据国家的法律法规而制定的行政规章制度，它具有强制性和约束力。企业对违反规章制度的职工，可以按照规定给予必要的纪律处分和经济制裁。从企业的角度来看，企业内的各项规章制度，都是为了优化其生产组织环境而制定的，因此，每位职工必须严格遵守。劳动纪律是厂纪厂规的重要组成部分，主要特征是：要求每位职工都能按照规定的时间、程序和方法完成自己承担的任务，以便保证生产过程有步骤地进行，使企业的各项任务得以顺利完成。

（3）严格工艺纪律、贯彻操作规程。工艺纪律是企业职工在执行各项工艺管理制度和工艺文件时所必须严格遵循的规定，同时，它也是帮助职工掌握生产技术，使企业建立正常的生产秩序和提高产品质量的重要保证措施。不能违纪违章的事，如图1–4所示。

（4）规范工作秩序，按标准化作业。按照标准化要求从事文明生产是为了使企业的各项工作规范化、秩序化、科学化。标准化作业的优点如图1–5所示。

图1–4　杜绝违章

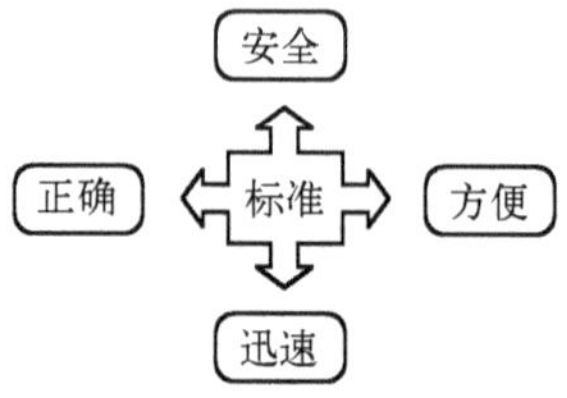

图1–5　标准化作业的优点

（5）严格遵守安全生产规章制度和操作规程。不同的行业、厂家有不同要求的规章制度和操作规程，这里强调“五必须”“五严禁”的规章制度，如图1–6所示。

“五必须”

1. 必须遵守厂纪厂规。

2. 必须经安全生产培训考核合格后持证上岗作业。

3. 必须了解本岗位的危险危害因素。

4. 必须正确佩戴和使用劳动防护用品。

5. 必须严格遵守危险性作业的安全要求。

“五严禁”

1. 严禁在禁火区域吸烟、动火。

2. 严禁在上岗前和工作时间饮酒。

3. 严禁擅自移动或拆除安全装置和安全标志。

4. 严禁擅自触摸与已无关的设备、设施。

5. 严禁在工作时间串岗、离岗、睡岗或嬉戏打闹。

图 1-6　规章制度

（6）火场如何避险。防火工作是企业安全生产的一项重要内容，一旦发生火灾事故，往往造成巨大的财产损失和人员伤亡。如果懂得在火场中如何避险，就会减少伤亡，降低损失。火场紧急避险制度如图 1-7 所示。

火场中如何紧急避险

1. 熟悉紧急疏散路线。

2. 浓烟中逃生，要用湿毛巾捂住嘴和鼻子，弯腰行走。

3. 楼上人员要用牢固的绳子等物品，一头固定后沿绳子滑下逃生，千万不要跳楼。

4. 逃生路线被火封锁时，应立即退回室内，关闭门窗，用毛毯、棉被浸湿后覆在门上，并不断往上浇水冷却，发出求救信号等待救援。千万不可钻到阁楼、床底、木橱内避难。

5. 在公共场所应听从指挥，向就近的安全通道分流疏散，千万不能惊慌失措，互相拥挤践踏，造成意外的伤亡。

图 1-7　火场紧急避险须知

2. 接受车间级安全生产教育

车间级安全生产教育主要内容见表1–2。

表1–2　车间级安全生产教育主要内容

项　　目	主　要　内　容
车间安全教育	◆ 本车间的生产性质和主要的工艺流程； ◆ 本车间预防工伤事故和职业病的主要措施； ◆ 本车间的危险部位及其注意事项； ◆ 本车间安全生产的一般情况及其注意事项； ◆ 本车间的典型事故案例； ◆ 工人的安全生产职责和遵守纪律的重要性

在本项目安全教育中，新工人要特别注意以下几个方面：

1）事故预防

在生产过程中，客观上存在的隐患是事故发生的前提。如果能即时发现并消除隐患，就可有效防止事故的发生。学习事故预防知识，发现隐患，及时采取措施，对保证安全操作具有重要作用。事故的对策和方法如图1–8所示。

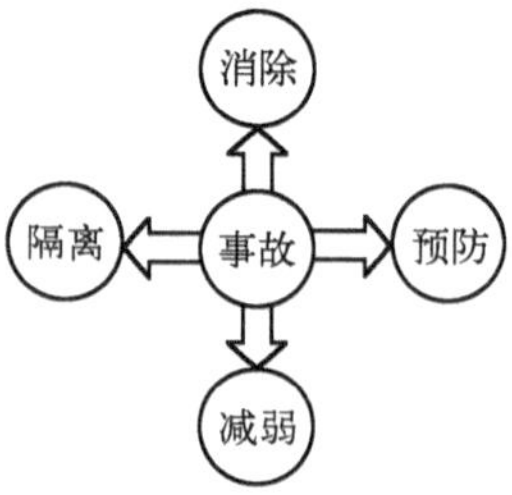

图1–8　事故的对策和方法

作为生产岗位上的企业员工，要防止伤亡事故的发生，必须掌握事故预防知识。下面以触电事故预防为例，介绍事故预防知识。触电事故预防措施见表1–3。

表1–3　触电事故预防措施

项　　目	内　　　容
触电事故有以下预防措施	◆ 电气操作属特种作业，操作人员必须经过专门培训考试合格，持证上岗
	◆ 车间内的电气设备，不得随便乱动。如果电气设备出了故障，应请电工修理，不得擅自修理，更不得让设备带故障运行
	◆ 经常接触和使用的配电箱、配电板、闸刀开关、按钮开关、插座、插销以及导线等，必须保持完好、安全，不得有破损或带电部分裸露
	◆ 在操作闸刀开关、磁力开关时，必须将盖子盖好
	◆ 电气设备的外壳应按安全规定进行保护接地或接零
	◆ 使用手电钻、电砂轮等手持式电动工具时，必须做到：①安设漏电保护器，同时工具的金属外壳应保护接地或接零；②使用单相电动工具时，其导线、插销、插座应符合单相三线的要求；使用三相的电动工具时，其导线、插销、插座应符合三相四线（或三相五线）的要求；③操作时应戴好绝缘手套和站在绝缘板上；④不得将工件等重物压在导线上，以防止轧断导线发生触电
	◆ 使用移动照明灯要有良好的绝缘手柄和金属护罩
	◆ 在进行电气作业时，要严格遵守安全操作规程，切不可盲目乱动
	◆ 一般禁止使用临时线。必须使用时，应经过安检部门批准，并采取安全防范措施，要按规定时间拆除
	◆ 进行容易产生静电火灾、爆炸事故的操作时，必须有良好的接地装置，及时消除聚集的静电
	◆ 移动某些非固定安装的电气设备（如电风扇、照明灯、电焊机等）时，必须先切断电源
	◆ 在雷雨天，不可走近高压电杆、铁塔、避雷针的接地线20 m以内，以免发生跨步电压触电
	◆ 发生电气火灾时，应立即切断电源，用黄沙、二氧化碳、四氯化碳等灭火器材灭火。切不可用水或泡沫灭火器灭火，因为它们有导电的危险
	◆ 打扫卫生、擦拭设备时，严禁用水冲洗或用湿布去擦拭电气设备，以防发生短路和触电事故

2）用电安全基本要求

车间内的电气设备不要随便乱动，发生故障不能带病运转，应立即请电工检修；经常接触使用的配电箱、闸刀开关、按钮开关、插座以及导线等，必须保持完好；需要移动电气设备时，必须先切断电源，导线不得在地面上拖来拖去，以免磨损，导线被压时不要硬拉，防止拉断；打扫卫生、擦拭电气设备时，严禁用水冲洗或用湿抹布擦拭，以防发生触电事故；停电检修时，应将带电部分遮拦起来，悬挂安全警示标志牌。

3）接受班组级安全生产教育

班组级安全生产教育主要内容见表1-4。

表1-4 班组级安全生产教育主要内容

项　　目	主　要　内　容
班组安全教育	◆ 班组的工作性质、工艺流程、安全生产的概况和安全生产职责范围； ◆ 将要从事的生产性质、安全生产责任制、安全操作规程以及其他有关安全知识和各种安全防护、保险装置的使用； ◆ 工作地点的安全文明生产具体要求； ◆ 容易发生工伤事故的工作地点、操作步骤和典型事故案例介绍； ◆ 个人防护用品的正确使用和保管； ◆ 发生事故后的紧急救护和自救常识； ◆ 工厂、车间内常见的安全标志、安全色介绍； ◆ 遵章守纪的重要性和必要性

在本项目培训中，主要讲解具体的流程、制度、规程、事例等，部分内容如下：

1）装焊操作安全规则

装焊操作安全规则见表1-5。

表1-5 电子产品生产的装焊操作安全规则

项　　目	内　　　容
电子产品生产的装焊操作安全规则	◆ 不要在生产车间争吵打闹，不要惊吓正在操作的人员； ◆ 烙铁头在没有确信脱离电源时，不能用手摸； ◆ 电烙铁应远离易燃品； ◆ 拆焊有弹性的元件时，不要离焊点太近，并使可能弹出焊锡的方向向外； ◆ 插拔电烙铁等电器的电源插头时，要手拿插头，不要抓电源线； ◆ 用螺丝刀拧紧螺钉时，另一只手不要握在螺丝刀刀口方向上； ◆ 用剪线钳剪断短小导线时，要让导线飞出方向朝着工作台或空地，不可朝向人或设备； ◆ 各种工具、设备要摆放合理、整齐，不要乱摆、乱放，以免发生事故； ◆ 要注意文明生产、文明操作，不乱动仪器设备

2）文明生产的基本要求

文明生产的基本要求见表1-6，整洁而优美的工作环境如图1-9所示。

表1-6 文明生产的基本要求

项　　目	基　本　要　求
文明生产	工作场地和工作台面及使用的工具、仪器、仪表等应保持清洁
	进入车间应按规定穿戴工作服、鞋、帽，必要时应戴手套（如焊接镀银件）
	生产用的工具及各种准备件应堆放整齐，方便操作
	严格执行各项规章制度，认真贯彻工艺操作规程，做到操作标准化、规范化
	树立把方便让给别人、困难留给自己的精神，为下一班、下一工序服务好
	讲究个人卫生，不得在车间内吸烟

图 1-9　整洁而优美的工作环境

3）触电救护

电子产品生产过程中发现有人触电，要尽快断开与触电人接触的导体（拉闸、拔线、砍线、拽衣等），使触电人脱离电源；施行人工呼吸（口对口人工呼吸或口对鼻人工呼吸）或胸外心脏挤压法急救；迅速拨打 120，联系专业医护人员进行抢救。注意：救护人员最好站在绝缘物体或干木板上。

4）安全警示标志

根据国家规定，安全色为红、黄、蓝、绿四种颜色，安全色及其含义如图 1-10 所示。

图 1-10　安全色

安全警示标志牌是由安全色、几何图形和图像符号构成的。为了防止事故的发生，安全警示标志形象而醒目地向人们表达了禁止、警告、指令和提示等安全信息。标志牌中的对比色为黑白两种（其中红、蓝、绿的对比色为白色，黄色对比色为黑色）。常用的安全警示标志牌及其含义如图 1-11 所示。

图 1-11　安全警示标志牌

5）开工前、完工后的安全检查

开工前，了解生产任务、作业要求和安全事项；工作中，检查劳动防护用品穿戴、机械设备运转安全装置是否完好；完工后，应将阀门、开关关好气阀、水阀、煤气、电气开关等；整理好用具和工具箱，放在指定地点；危险物品应存放在指定场所，填写使用记录，关门上锁。

任务拓展

在实训室实训的过程中需要具备哪些安全文明生产知识。

补充阅读

安全文明生产知识见以下网址：

（1）http://wenku.baidu.com/view/cbbb9e27dd36a32d7375810f.html；

（2）http://wenku.baidu.com/view/bb9ba37ca26925c52cc5bf23.html。

学习评价

本教学任务评价见表 1-7。

表 1-7　教学任务评价表

学生姓名		班级		自评	组评	师评
应知知识评价（30 分）	文明生产的内容（10 分）					
	安全教育的内容（10 分）					
	安全操作规程的知识（10 分）					
小计						
技能操作（50 分）	评价内容	考核要求	评价标准	自评	组评	师评
	用电安全操作（25 分）	操作规范	安全操作规程			
	触电救护操作（25 分）	触电急救操作正确	触电急救手册			
小计						
学生素养（20 分）	评价内容	考核要求	评价标准	自评	组评	师评
	操作规范（10 分）	安全文明操作习惯	1. 安全操作规程 2. 文明生产的要求			
	德育（10 分）	团队协作 自我约束能力	小组团结和协作精神、考勤、操作认真仔细的情况，根据实际情况进行扣分			
小计						
综合评价						

任务二
“5S” 现场管理

任务描述

某电子封装企业存在的问题：作为国内知名的分立器件和集成电路制造商，该企业的电子封装属于技术密集型行业，对生产技术和员工素质有很高的要求。同时为了适应激烈的竞争环境，企业还要不断加强管理，以应对不断变化的市场。近几年来，该企业的产量、产值、生产能力均以超过20%的速度递增。企业在飞速发展的同时，也给企业内部管理带来了很大的压力，特别是在测试车间中出现大量管理问题，主要表现在以下几个方面：设备维护方面，由于检测设备维护不及时，经常出现非技术故障；员工管理方面，由于企业员工流动性大，导致培训不及时；检测员工素质参差不齐，常有无故旷工现象；工作环境方面，工具摆放不到位，需要花费较长时间才能找到；测试仪器摆放不合理；产品分类不明确，给库存和客户服务带来很大的困扰。

采用“5S”现场管理，从细节做起，长效解决电子封装企业存在的问题，改善该车间的工作环境，提高企业竞争力。

知识准备

1. 什么是现场管理？

现场管理是用科学的管理制度、标准的方法对生产现场各生产要素，包括人（员工）、机（机器设备）、料（物料）、法（方法）、环（环境）、信（信息）等进行合理有效的计划、组织、协调、控制和检测，使其处于最佳的结合状态。

2. “5S”的定义与目的

“5S”是指企业生产现场管理的五个项目：整理（Seiri）、整顿（Seiton）、清扫（Seiso）、清洁（Seiketsu）、素养（Shitsuke）。

（1）整理（Seiri）——将工作场所的任何物品区分为“要的”和“不要的”，把“不要的”彻底清除。目的：腾出空间，空间活用，防止误用、误送，塑造清爽的工作场所（该丢的决不手软）。整理前后的对比如图1-12所示。

（2）整顿（Seiton）——将要的物品依规定定位、定量的摆放整齐，作好标识。目的：使工作场所一目了然，形成整整齐齐的工作环境，消除过多的积压物品，减少寻找物品的时间（要求：10 s找出所需的工具）。

（3）清扫（Seiso）——彻底清除工作场所的垃圾、脏污，防止污染的发生，以保持工作场所无垃圾、无脏污状态。目的：培养全员讲卫生的习惯，稳定品质，减少工业伤害（从根本上消灭污垢发生源）。清扫前后的对比如图1-13所示。

图 1-12　整理前后对比图

图 1-13　清扫前后对比图

(4) 清洁（Seiketsu）——将整理、整顿、清扫进行到底，并且制度化，经常保持环境外在美观的状态。目的：创造明朗现场，维持上面“3S”成果，形成企业文化（良好制度）。

(5) 素养（Shitsuke）——人人养成好习惯，使“5S”的要求成为日常工作中的自觉行为。目的：培养具有良好工作习惯、遵守规则的员工，营造团队精神（凡事认真）。

为了方便记忆，“5S”可以用几句顺口溜来描述：

整理：要与不要，一留一弃。

整顿：科学布局，取用快捷。

清扫：清除垃圾，美化环境。

清洁：洁净环境，贯彻到底。

修养：形成制度，养成习惯。

3. “5S”活动的实施技巧

1）定置管理

定置管理是根据物流运动的规律，按照人的生理、心理特点和安全需求，科学地确定物品在工作场所的位置，实现人与物的最佳结合。基本形式就是实现场所固定、物品存放位置固定、物品标识固定、物流线路固定。定置管理示意图如图 1-14 所示。

2）看板管理

看板（又称管理板）管理是将期望管理的项目（信息）通过各种管理板展示出来，使管理状况众人皆知。常见的看板管理内容如图 1-15 所示。图 1-16 为某厂的管理看板实物图。

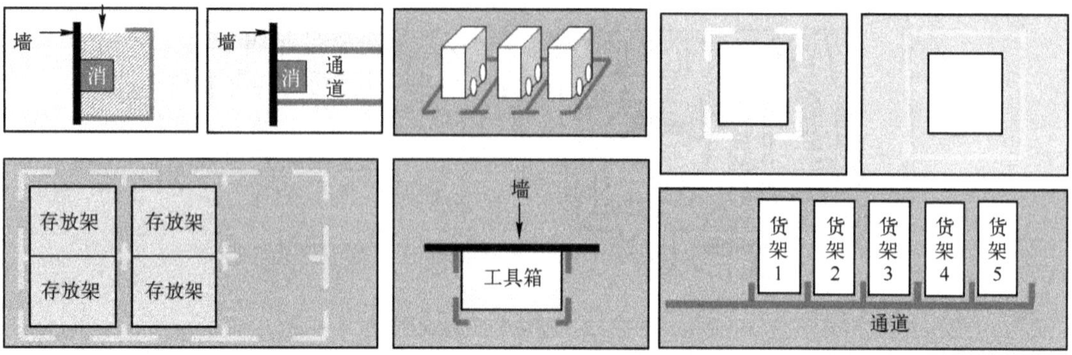

图 1-14　定置管理图

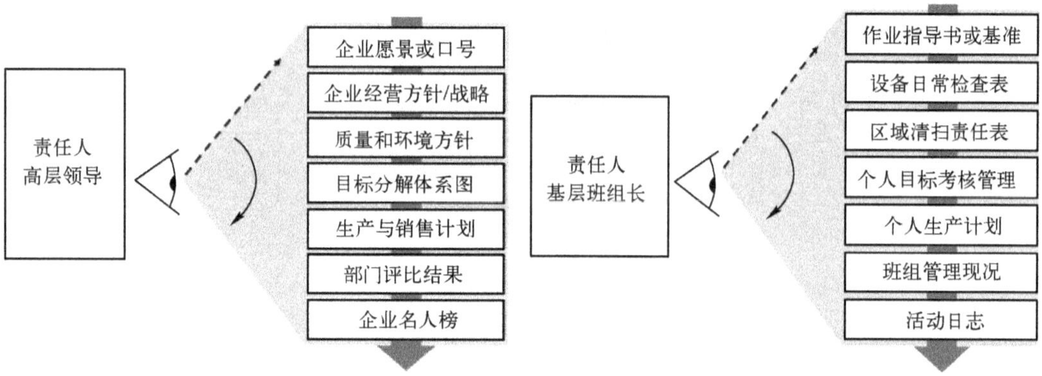

图 1-15　看板管理内容

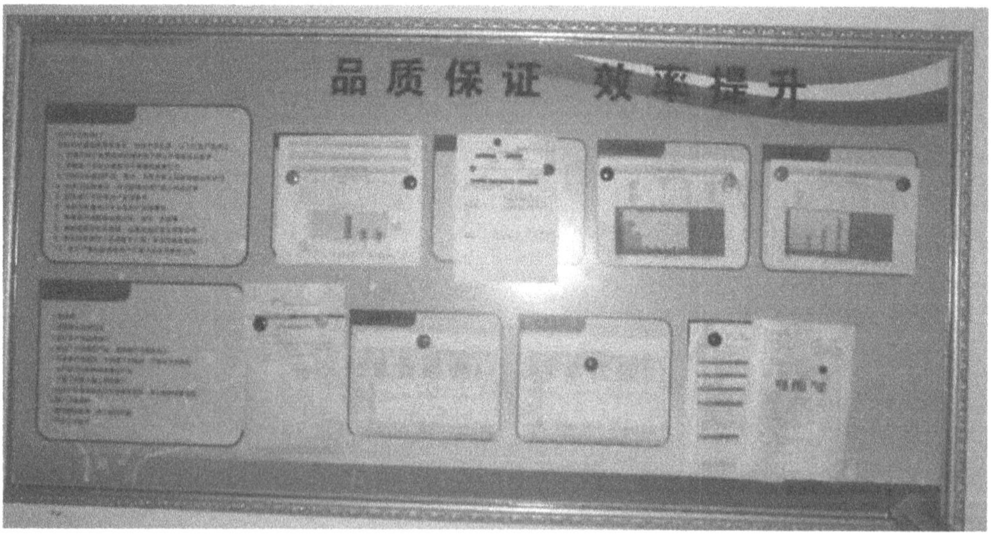

图 1-16　某厂的管理看板

3）目视管理

目视管理是利用形象直观、色彩适宜的各种视觉感知信息来组织现场生产活动，达到提高劳动生产率目的的一种管理方法，它是一种利用人的视觉器官进行“一目了然”管理的科学方法。目视管理示意图如图 1-17 所示。

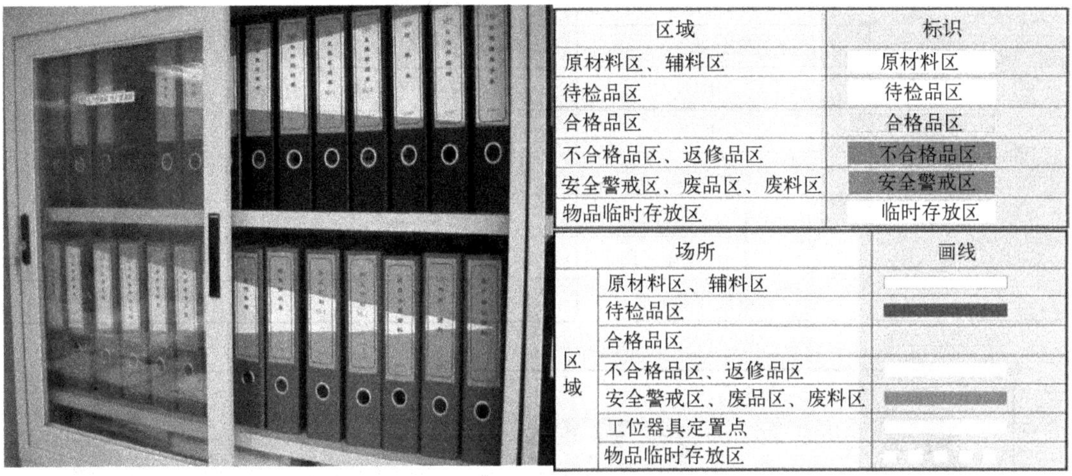

区域	标识
原材料区、辅料区	原材料区
待检品区	待检品区
合格品区	合格品区
不合格品区、返修品区	不合格品区
安全警戒区、废品区、废料区	安全警戒区
物品临时存放区	临时存放区

场所		画线
区域	原材料区、辅料区	
	待检品区	
	合格品区	
	不合格品区、返修品区	
	安全警戒区、废品区、废料区	
	工位器具定置点	
	物品临时存放区	

图 1-17　目视管理图

任务实施

按照“5S”管理的要求，从生产一线出发，制定符合测试车间实际情况的生产管理实施步骤。

1. 整理

“5S”管理活动小组对测试车间进行了详细的检查，将所有的东西，包括设备、工具等，按照使用频率分为：每天使用的物品，每个月使用的物品，不常用的物品和废品。对无法判断是否需要的物品，统一归类为不常用物品。将每天使用的物品摆放在车间合适的地方，每个月使用的物晶存放在车间仓库中，不常用物品存放在总厂仓库中，废品直接处理掉。

1）整理实施要领

（1）对工作场所全面检查，包括看得到和看不到的；

（2）制定“要”和“不要”的判别基准；

（3）对“不要”物品的清除；

（4）“要”的物品调查使用频度，决定日常用量；

（5）每日自我检查。

2）必需物品和非必需物品的区分与处理方法（见表 1-8）

整理前后对比情况如图 1-18 所示。

表 1-8　必需物品和非必需物品的区分与处理

类　别	使用频率	处理方法	备　注
必需物品	每小时	放工作台上或随身携带	
	每天	现场存放（工作台附近）	
	每周	现场存放	

续表

类别	使用频率		处理方法	备注
非必需物品	每月		仓库存储	定期检查
	三个月		仓库存储	
	半年		仓库存储（封存）	
	一年		仓库存储（封存）	
	二年		仓库存储	
	未定	有用	变卖/废弃	
		不需要用	废弃/变卖	定期清理
	不能用			立刻废弃

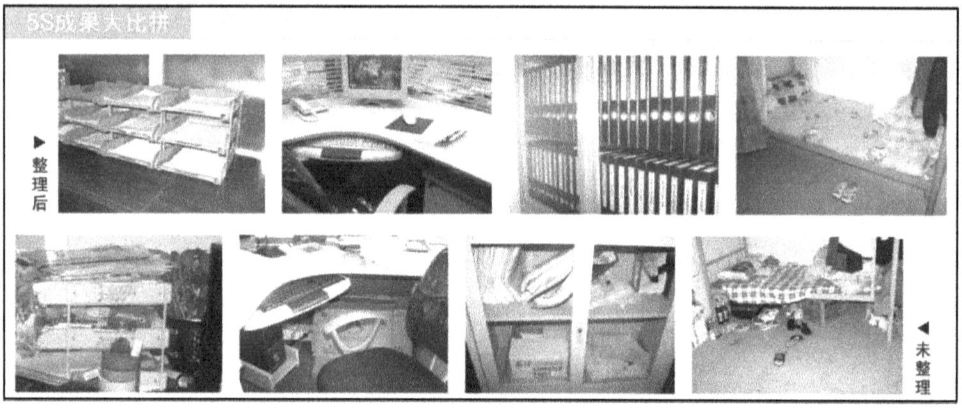

图 1-18　整理前后对比图

2. 整顿

充分调动员工的积极性，采用区域布局图进行标准化管理，确定物品高效、合理的摆放位置。将工作台和地面用油漆标记出放置位置，标明放置设备的名称，每个工作台上固定几个盒子收纳工具。在箱子上标明产品名称、合格与否、测试时间等信息，确保有据可循。现场整顿如图 1-19 所示。整顿实施要领和方法见表 1-9。

图 1-19　现场整顿

表 1-9　整顿实施要领和方法

实施要领	实施方法
◆ 前一步骤整理的工作要落实； ◆ 需要的物品明确放置场所； ◆ 摆放整齐、有条不紊； ◆ 地板划线定位； ◆ 场所、物品标示； ◆ 制订废弃物处理办法	把不要用的清理掉，留下的有限物品进行定置管理，除了腾出空间以外，各物料挂牌做好标识工作，减少查找物料时间，亦可避免误用，且对过多的物料也可及时处理。 ◆ 尽可能腾出空间，摆放整齐； ◆ 规划放置场所及位置，放置方式，高度； ◆ 挂牌标示进行目视管理，任何人都一目了然

3. 清扫

动员全体员工，将看得见和看不见的都清扫干净，包括机器、工具等，改善现场的工作环境，杜绝因为灰尘的污染而影响产品的品质。企业在这个过程中，对测试设备进行维修保养，使其处于可使用状态，同时消除了很多隐藏的可能导致机器故障的因素。比如，在清扫过程中，发现分立器件测试系统的电动机工作时声音不正常，仔细查看，发现是润滑油泄漏了，维修人员很快将润滑油补上，避免了发生故障。清扫实施要领和方法见表 1-10，现场清扫如图 1-20 所示。

表 1-10　清扫实施要领和方法

实施要领	实施方法
◆ 建立清扫责任区（室内、外）； ◆ 开始一次全公司的大清扫； ◆ 调查污染源，予以杜绝或隔离； ◆ 建立清扫基准，作为规范	工作场所及生活区彻底打扫干净，并杜绝污染： ◆ 清扫地面到墙壁到天花板所有脏、污染物； ◆ 机器工具彻底清理干净，长时间不用者涂上防锈油； ◆ 彻底清扫厕所，饭堂，确保无异味，可有香味； ◆ 领导带头做起，定期定时进行全厂性卫生大扫除

图 1-20　现场清扫

4. 清洁

为了维护成果，该企业制定了一系列的规章制度，明确员工的工作职责和工作要求。测试车间制订了值日计划表，对公共区域进行轮班打扫。每周一、周四上午，车间主任会协同各小组组长对整个车间进行全面检查，及时纠正不符合标准的行为。清洁实施要领和方法见表 1-11。

表 1-11　清洁实施要领和方法

实施要领	实施方法
◆ 落实前面的 3S 工作； ◆ 制订考评方法 ◆ 制订奖惩制度，加强执行； ◆ 高级主管经常带头巡查，以表重视	维护并保持上面 3S 的成果，采取以下方式控制： ◆ 每日定时目视检查，达到预期效果后不定时核查； ◆ 采用核查表评分

5. 素养

为了使员工能够每天坚持做整理、整顿、清扫的工作，并将这些工作变成自己工作中不可缺少的一部分，该企业采取了以下 2 个措施：一是每天工作总结，即在每个工作日结束的时候，以小组为单位，集中讨论一天工作的得失，交流经验，取长补短；二是开展小组竞赛，即以小组为单位，组织“5S”管理活动竞赛，定期进行评审，对表现出色的小组进行奖励，经验推广，对不符合要求的小组进行一定的处罚。通过对这两项措施的执行，普及了“5S”管理的知识，激发了员工的热情。素养实施要领和方法见表 1-12，办公室“5S”检查及评价见表 1-13，车间“5S”检查及评价见表 1-14。

表 1-12　素养实施要领和方法

实施要领	实施方法
◆ 制订服装等识别标准； ◆ 制订共同遵守的有关规则、规定； ◆ 制订礼仪守则（如《员工手册》）； ◆ 教育培训（新员工加强）； ◆ 推行各种精神提升活动（如班前会、礼貌运动等）	“5S”推行成功与否，关键在人，好的素养，就有好的结果。好的结果，同时也带来好的素养。 ◆ 要有良好的卫生习惯，不断追求事物的完美； ◆ 遵守规章制度及作息时间； ◆ 着装整齐，礼貌待人接物

表 1-13　办公室“5S”检查及评价表

项　目	办公室检查内容	分　值	检查状况	得分
整理	是否有多余的办公用品（桌、椅、柜、文具用品等）	5		
	有无过期的文件、表单、资料	6		
	办公用品是否杂乱无章	6		
	文件、资料等是否杂乱无章	7		
整顿	办公室是否明亮、宽敞、布局合理	5		
	文件柜、文件是否编号标识	5		
	文件是否分门别类整理完好	9		
	资料是否齐全	7		
清扫	地面桌上是否杂乱	3		
	墙壁玻璃是否干净	4		
	垃圾桶是否积满垃圾	3		
清洁	办公用品、工具等是否保持干净	4		
	办公抽屉物品摆放是否杂乱	4		
	办公室人员着装是否整齐	5		
	上下班时办公桌上是否整齐	4		

续表

项　　目	办公室检查内容	分　值	检查状况	得分
素养	办公室内是否挂出每周工作安排表	4		
	上班时间是否干与工作无关的事	4		
	对待客人，或接电话是否有礼貌、并使用文明用语	4		
	下班时所有电源是否切断	5		
	本部门有无规章制度，执行情况如何	6		
合 计 得 分				

表 1–14　车间“5S”检查及评价表

项　　目	车间的检查内容	分值	检查状况	得分
整理	1. 车间是否明亮、整洁、视野开阔	4		
	2. 车间是否有多余的物料	4		
	3. 车间是否有不用或废弃的物料、工具	4		
	4. 安全通道、走道、楼道是否畅通	5		
整顿	1. 是否有明确的物料、半成品、产品、废品划分区	5		
	2. 物料是否分类摆放整齐	5		
	3. 物料是否实施标识，且有空间间隔	4		
	4. 文件资料、记录是否分类、查找迅速	5		
	5. 工位器具、操作工具、生活用品是否摆放整齐	4		
清扫	1. 地面干净无废料杂物	4		
	2. 地面、门窗玻璃、物架、工作台是否干净整齐	4		
	3. 机床、设备是否清洁	6		
	4. 垃圾箱是否及时清理	4		
清洁	1. 是否定时整理物料	3		
	2. 是否及时整理废料	4		
	3. 使用的测量仪器是否保持清洁	5		
	4. 设备使用完后是否清理干净	5		
素养	1. 是否挂出每日生产安排表	4		
	2. 上班时间是否干与工作无关的事	4		
	3. 工作牌是否挂在工位台前	4		
	4. 着装是否整齐，是否挂牌上岗	4		
	5. 是否在工作时间大声喧哗	4		
	6. 员工是否具有良好的工作状态和团队精神	5		
合 计 得 分				

任务拓展

在实训室、教室和寝室推行“5S”管理活动。

补充阅读

1.“5S”的含义

“5S”是指整理（Seiri）、整顿（Seiton）、清扫（Seiso）、清洁（Seiketsu）、素养（Shitsuke）等五个项目，因日语的罗马拼音均为“S”开头，所以简称“5S”。

2.“5S”的沿革

“5S”起源于日本，是指在生产现场中对人员、机器、材料、方法等生产要素进行有效的管理。这是日本企业独特的一种管理办法。

1955年，日本“5S”的宣传口号为“安全始于整理，终于整理整顿”。当时只推行了前两个S，其目的仅为了确保作业空间和安全。后因生产和品质控制的需要而又逐步提出了“3S”，也就是清扫、清洁、素养，从而使应用空间及适用范围进一步拓展。到了1986年，日本的“5S”的著作逐渐问世，从而对整个现场管理模式起到冲击作用，并由此掀起了“5S”的热潮。

3.“5S”的发展

日本式企业将“5S”运动作为管理工作的基础，推行各种品质的管理手法，第二次世界大战后，产品品质得以迅速地提升，日本奠定了经济大国的地位，在丰田公司的倡导推行下，“5S”对于塑造企业的形象、降低成本、准时交货、安全生产、高度的标准化、创造令人心旷神怡的工作场所、现场改善等方面发挥了巨大作用，逐渐被各国的管理界所认识。随着世界经济的发展，”5S”已经成为工厂管理的一股新潮流。

4.“5S”的应用

“5S”应用于制造业、服务业等，以改善现场环境的质量和员工的思维方法，使企业能有效地迈向全面质量管理。

“5S”对于塑造企业的形象、降低成本、准时交货、安全生产、高度的标准化、创造令人心旷神怡的工作场所、现场改善等方面发挥了巨大作用，是日本产品品质得以迅猛提高行销全球的成功之处。

5.“5S”的延伸

根据企业进一步发展的需要，有的企业在“5S”的基础上增加了“安全”（Safety），形成了“6S”；有的企业再增加“节约”（Save），形成了“7S”；还有的企业加上了“习惯化”（Shiukanka）、“服务”（Service）和“坚持”（Shitukoku），形成了“10S”；有的企业甚至推行“12S”，但是万变不离其宗，都是从“5S”里衍生出来的，例如在整理中要求清除无用的东西或物品，这在某些意义上来说，就能涉及节约和安全，例如横在安全通道的无用垃圾，就具有安全隐患，就是“安全”应该关注的内容。

6.“5S”管理的作用

1）“5S”是最佳“推销员”（Sales）

被顾客称赞为干净整洁的工厂，客户对这样的工厂有信心，乐于下订单，并且口碑相传，会有很多人来工厂参观学习，形成良性循环。整洁明朗的环境，会使大家希望到这样的工厂工作。

2）“5S”是“节约家”（Saving）

降低很多不必要的材料以及工具的浪费，减少“寻找”，节省很多宝贵的时间。能降低工时，提高效率。

3）“5S”对安全有保障（Safety）

宽广明亮，视野开阔的现场，流物一目了然；遵守堆积限制，危险处一目了然；通道明确，不会造成杂乱情形而影响工作的顺畅（安全作业）。

4）“5S”是标准化的推动者（Standardization）

按照“三定”“三要素”原则规范现场作业；大家都正确地按照规定执行任务；程序稳定，带来品质稳定，成本也安定（按标准作业）。

5）“5S”形成令人满意的现场（Satisfaction）

明亮、清洁的工作场所，员工动手改善，有成就感；能造就现场全体人员进行改善的气氛（越干越有劲）。

学习评价

本教学任务评价见表1-15。

表1-15　教学任务评价表

学生姓名		班　级		自评	组评	师评
应知知识评价（40分）	“5S”管理的的内容（10分）					
	定置管理的要求（10分）					
	看板管理的内容（10分）					
	目视管理的要求（10分）					
小　　计						
技能操作（40分）	评价内容	考核要求	评价标准	自评	组评	师评
	对现场进行整理（20分）	定置管理、目视管理	整理项目及评价表			
	“5S”管理（20分）	“5S”管理的内容	“5S”管理项目及评价表			
小　　计						
学生素养（20分）	评价内容	考核要求	评价标准	自评	组评	师评
	操作规范（10分）	安全文明操作习惯	1. 安全操作规程 2. 文明生产的要求			
	德育（10分）	团队协作 自我约束能力	小组团结和协作精神、考勤、操作认真仔细的情况，根据实际情况进行扣分			
小　　计						
综合评价						

项目二

生产工艺文件识读与编制

【知识目标】

- 熟悉生产工艺文件的种类、内容和格式；
- 熟悉生产工艺文件的识读方法和编制方法；
- 熟悉电子产品技术标准。

【技能目标】

- 能够正确识读电子产品的生产工艺文件；
- 能够正确编制电子产品的生产工艺文件；
- 能够按照电子产品的生产工艺文件进行实际的操作。

【情景导入】

某厂接到了某一产品的生产订单，要求技术部的技术人员根据生产要求和本厂的设备、人员等实际情况编制生产工艺文件，审批合格后交给生产部门，由生产部门根据该产品的生产工艺文件组织正常生产。假如你是技术部门的员工，该如何编制该产品的生产工艺文件？假如你是生产部门的员工，该如何识读该产品的生产工艺文件？

任务一

生产工艺文件的识读

任务描述

某厂要在规定的时间内完成生产1 000台S753台式收音机的任务，技术部门人员已编制了该产品的生产工艺文件，由生产部门根据该产品的生产工艺文件组织正常生产，你作为生产部的一名员工，需要对该产品的生产工艺文件进行正确识读，以便能够保质保量的完成生产任务。

知识准备

1. 工位

流水线上每一个工人所处的工作位置就称为一个工位。

2. 工步

每个工位的工人在进行操作时，其作业内容可分为若干个步骤，这个步骤称为工步。

3. 工艺文件

工艺文件用工艺规程和加工、装配图来指导生产，以实现设计文件中要求的产品技术性能指标。工艺文件是带强制性的纪律文件，不允许用口头的形式来表达，必须采用规范的书面形式表达，而且任何人不得随意更改，违反工艺文件属违纪行为。根据电子产品的特点，工艺文件通常可分为工艺管理文件和工艺规程文件两大类。

1）工艺管理文件

是企业科学地组织生产和控制工艺工作的技术文件。其内容包括工艺文件封面、工艺文件目录、工艺路线表、配套明细表、材料消耗定额明细表、工艺文件更改通知单等。

2）工艺规程文件

工艺规程是规定产品和零件的制造工艺过程和操作方法的工艺文件，是工艺文件的主要部分。工艺规程主要包括零件加工工艺、元器件装配工艺、导线加工工艺、调试及检验工艺以及各工艺的工时定额。

任务实施

1. 识读工艺文件封面

工艺文件封面是工艺文件装订成册的封面，其示意图如图2–1所示。

2. 工艺文件目录

工艺文件目录是本产品所有工艺文件总目录或本产品装订成册的工艺文件目录，反映了产品工艺文件的完整性，供生产、计划、调度使用。工艺文件目录见表2–1。

××××××××××××公司
工艺文件
第×册
共×册
共×页
产品名称：（台式收音机）
产品型号：（S753）
本册内容：（整机装配）

批准：（签字）
年　月　日

图 2-1　工艺文件封面

表 2-1　工艺文件目录

×××××××公司 工艺文件						产品名称			
						产品型号		图号	
工　艺　文　件　明　细　表									
序号	代　号		名　称				页数		备注
工艺文件的序号	工艺文件的代号		所有工艺文件的名称				相应工艺文件在本册的页数		
					拟制	签名日期			
					审校				
					标准化			版本	
更改标记	数量	更改单号	签名	日期	批准			第　页　共　页	

3. 识读各种工艺汇总表

工艺汇总表有配套明细表、仪器仪表明细表、工位器具明细表、材料消耗定额表、工时消耗定额表等，它们是作为材料供应、工装配置、成本核算、劳动力安排、组织生产的依据。其中，材料消耗定额表、工时消耗定额表是工业企业定额管理的两大类对象，加强对工艺定额的管理工作，不断提高工艺定额的水平，是企业降低成本，提高经济效益的主要途径。

1）配套明细表

配套明细表是编制装配须用的零件、部件、整件及材料与辅助材料的清单，供各有关部门在配套及领、发料时使用，也可作为装配过程卡的附页。配套明细表见表 2-2。

表 2-2　配套明细表

配套明细表			产品型号和名称		产品图号
			S753 台式收音机		HD. 2. 025. 105
序号	名　称	型号、规格	数量	位　号	装入何处
1		自制零件			
2	调谐杆	HD 5. 557. 017	1		
3	支架	HD 8. 667. 030	1		基板
4	支架	HD 8. 667. 031	1		基板
5	转盘	HD 8. 667. 032	1		基板
6	刻度板	HD 8. 667. 033	1		基板
7	指针	HD 8. 667. 034	1		基板
8	压片	HD 8. 045. 008	3		整机
9	支柱	HD 8. 045. 010	1		整机
10	夹板	HD 8. 045. 007	1		整机
11	夹簧	HD 8. 045. 013	1		整机
12	旋钮	HD 8. 667. 080	2		整机
13	支柱	HD 8. 045. 020	2		基板
	窗板	HD 8. 667. 037	1		整机
15	前壳	HD 6. 116. 058	1		整机
16	后盖	HD 6. 116. 060	1		整机
17	嵌条	HD 8. 667. 058	2		整机
18	装饰板	HD 8. 667. 060	1		整机
19					
20	线圈	HD 5. 557. 045	1		基板
21	跨接线	跨距 10 mm	4		基板
22	电池套		1		整机
23	说明书		1		整机
24	防震袋		1		整机
25	合格证		1		整机
26					
27					

装配须用的零件、部件、整件及材料与辅助材料

产品型号和名称

装配须用的零件、部件、整件及材料与辅助材料的型号、规格、名称

旧底图总号	更改标记	数量	更改单号	签名	日期		签名	日期	第 3 页	
						拟制				
						审核			共 4 页	
底图总号										
						标准化			第 1 册	第 7 页

2）仪器仪表明细表

生产加工产品所需要使用的仪器仪表见表 2–3。

表 2–3　仪器仪表明细表

	仪器仪表明细表		产品型号和名称		产品图号
			S753 台式收音机		HD. 2. 025. 105
	序号	型　号	名　称	数量	备　注
	1		高频信号发生器	4	
	2		示波器	4	
	3		3 V 稳压源	4	
	4		真空管毫伏表	4	
	5		500 型万用表	6	
	6		数字式万用表	1	

旧底图总号	更改标记	数量	更改单号	签名	日期		签名	日期	第 1 页	
						拟制				
						审核			共 1 页	
底图总号										
						标准化			第 1 册	第 11 页

仪器仪表的型号

仪器仪表的数量

仪器仪表的名称

3）工位器具明细表

每个工位上有不同的工具和器材配备（简称器具）。工位器具明细表见表 2-4。

表 2-4　工位器具明细表

	工位器具明细表		产品型号和名称		产品图号
			S753 台式收音机		HD. 2. 025. 105
	序号	型　　号	名　　称	数量	备　　注
	1	SL－A 型 60 W	60 W 手枪烙铁	10	
	2	SL－A 型 61 W	烙铁芯	10	
	3	SL－A 型 62 W	烙铁头	10	
	4		25 W 内热式电烙铁	10	
	5		烙铁芯	10	
	6		长寿命烙铁头	10	
	7		汽动剪刀	3	
	8		汽动剪刀头	3	
			气动螺丝刀	10	
	10		十字气动螺丝刀头	10	
	11		4英寸一字螺丝刀	20	
	12		4英寸十字螺丝刀	20	
	13		锋钢剪刀	10	
	14		不锈钢镊子	20	
	15		125 mm 尖头钳	20	
	16		125 mm 斜口钳	5	
	17		500 mm 钢卷尺	2	
	18		150 mm 钢卷尺	2	
	19		电子秒表	1	
	20		0. 82 ～0. 87 密度计	4	
	21		密度计玻璃吸管	4	
	22		1 ～2 L 塑料量杯	2	
	23		80 mm × 120 mm 搪瓷方盘	2	
	24		塑料点漆壶	1	
	25		元器件料盒	300	
	26	480 mm× 360 mm × 120 mm	塑料存放箱	10	
	27		不锈钢汤勺	1	

旧底图总号	更改标记	数量	更改单号	签名	日期		签名	日期	第 1 页	
						拟制				
						审核			共 2 页	
底图总号										
						标准化			第 1 册	第 9 页

器材工具的型号

器材工具的名称

器材工具的数量

4）材料消耗定额表

材料消耗定额表见表 2–5。

表 2–5　材料消耗定额表

	材料消耗定额表				产品型号和名称				产品图号
					S753 台式收音机				HD. 2. 025. 105
	序号	材料名称		单机用量/kg		序号	材料名称		单机用量/kg
		消耗材料的名称		一个产品消耗该材料的用量					
旧底图总号	更改标记	数量	更改单号	签名	日期		签名	日期	第　页
						拟制			
						审核			共　页
底图总号									
						标准化			第　页　第　页

5）工时消耗定额表

工时消耗定额表见表 2–6。

表 2–6　工时消耗定额表

	工时消耗定额表		产品型号和名称			产品图号
			S753 台式收音机			HD. 2. 025. 105
	序号	工序名称	工时数/h	序号	组件名称	工时数/h
		工序的名称	该工序所需工时数		该工序组件的名称	该组件所需工时数
	整机总工时/h					

续表

旧底图总号	更改标记	数量	更改单号	签名	日期		签名	日期	第 页	
						拟制				
						审核			共 页	
底图总号										
						标准化			第 页	第 页

4. 工艺顺序图表

工艺顺序图表有工艺流程图表和工艺过程图表两种。

1）工艺流程图表

工艺流程图用于对产品的整件、部件、零件在加工准备过程中的简明显示，供企业有关部门作为组织生产的依据。表2–7所示为工艺流程图表。

表2–7 工艺流程图表

	工 艺 简 图	产品型号和名称	产品图号
		S753 台式收音机	HD. 2. 025. 105

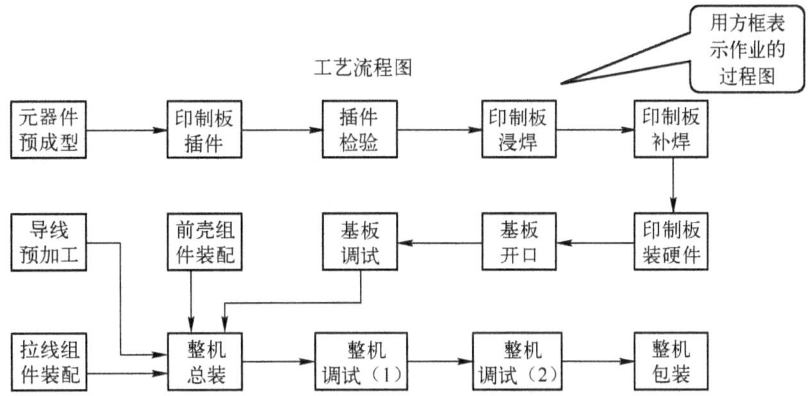

旧底图总号	更改标记	数量	更改单号	签名	日期		签名	日期	第1页	
						拟制				
						审核			共1页	
底图总号										
						标准化			第1册	第3页

2）工艺过程图表

工艺过程图表见表2–8。

表 2-8　工艺过程图表

工艺过程表			产品型号和名称	计划日产量
			S753 台式收音机	1 000 台
序号	工位顺序号	作业内容摘要	工艺文件页号	
1	插件 1	插入元器件 7 个	S753 专用工艺第 1 册第 16、23 页	
2	插件 2	插入元器件 7 个	S753 专用工艺第 1 册第 17、23 页	
3	插件 3	插入元器件 7 个	S753 专用工艺第 1 册第 18、23 页	
4	插件 4	插入元器件 7 个	S753 产品工艺第 1 册第 19、23 页	
5	插件 5	插入元器件 7 个	S753 产品工艺第 1 册第 20、23 页	
6	插件 6	插入元器件 7 个	S753 产品工艺第 1 册第 21、23 页	
7	插件 7	插入元器件 7 个	S753 产品工艺第 1 册第 22、23 页	
8	插件检验	检验插件工艺质量	装联通用工艺第 2 册第 7 页	
9	浸焊	印制板焊接	装联通用工艺第 2 册第 8～11 页	
10	补焊 1	修补焊点	S753 产品工艺第 1 [illegible] 页	
11	补焊 2	修补焊点	S753 产品工艺第 1 [illegible]	
12	装硬件 1	装双联、调谐杆	S753 产品工艺第 1 册第 28 页	
13	装硬件 2	装开关电位器、磁棒支架	S753 产品工艺第 1 册第 29、30 页	
14	装硬件 3	装焊线圈	S753 产品工艺第 1 册第 31 页	
15	开口	量工作点、整机电流	S753 产品工艺第 1 册第 48 页	
16	基板调试	调中频	S753 产品工艺第 1 册第 49 页	
17	总装 1	装刻度支架、拉线盘	S753 产品工艺第 1 册第 36、37 页	
18	总装 2	绕拉线、焊线	S753 产品工艺第 1 册第 38、39 页	
19	总装 3	装刻度板、指针	S753 产品工艺第 1 册第 40、41 页	
20	总装 4	焊喇叭线、整理、进壳	S753 产品工艺第 1 册第 42 页	
21	总装 5	紧固喇叭、机芯螺柱	S753 产品工艺第 1 册第 43、44 页	
22	总装 6	装夹板、夹簧、焊电源线	S753 产品工艺第 1 册第 45、46 页	
23	整机调试	调频率范围	S753 产品工艺第 1 册第 50 页	
24	整机调试	统调、检查跟踪点	S753 产品工艺第 1 册第 51、52 页	
25	整机包装	装旋钮、后盖，包装	S753 产品工艺第 1 册第 47 页	

旧底图总号	更改标记	数量	更改单号	签名	日期		签名	日期	
						拟制			第 1 页
						审核			共 1 页
底图总号									
						标准化			第 1 册　第 4 页

工位的项目名称和顺序号

该工位的作业的内容

该工位艺术文件的地址

5. 准备工艺规程

1）元器件预成型卡片

元器件预成型卡片见表 2-9。

表 2-9　元器件预成型卡片

元器件预成形卡片							产品型号和名称		产品图号
							S753 台式收音机		HD. 2. 025. 105
位号	名称、型号、规格	长度/mm						数量	备注
		a							
Cb	电容器 CC1 －63V －200pF	6						1	图 3
Cc	电容器 CC1 －63V －200pF	6						1	图 3
C2	电容器 CC1 －63V －0. 022μF	6						1	图 3
C3	电容器 CC1 －63V －0. 01μF	6						1	图 3
C4	电容器 CC1 －63V －0. 01μF	6						1	图 3
C5	电容器 CC1 －63V －0. 01μF	6						1	图 3
C6	电容器 CD11 －10V －100μF	6						1	图 4
C7	电容器 CD11 －25V －10μF	6						1	图 4
C8	电容器 CC1 －63V －0. 01μF	6						1	图 3
C9	电容器 CC1 －63V －0. 022μF	6						1	图 3
C10	电容器 CD11 －16V －4. 7μF	6						1	图 4
C11	电容器 CD11 －16V －4. 7μF	6						1	图 4
C12	电容器 CD11 －10V －220μF	6						1	图 4
C13	电容器 CD11 －16V －4. 7μF	6						1	图 4
C14	电容器 CC1 －63V －0. 022μF	6						1	图 3
C15	电容器 CC1 －63V －0. 022μF	6						1	图 3
C16	电容器 CD11 －10V －100μF	6						1	图 4
C17	电容器 CC1 －63V －4700pF	6						1	图 3
C18	电容器 CC1 －63V －2200pF	6						1	图 3

元器件的位号

元器件的引脚长度

元器件的名称、型号、规格

元器件的数量

元器件的备注说明

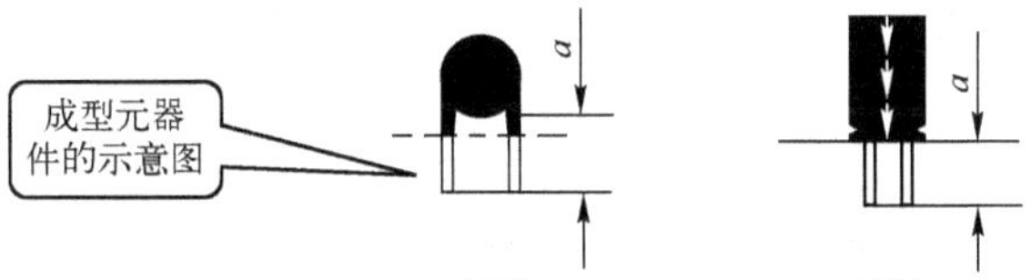

（图3）　　（图4）

旧底图总号	更改标记	数量	更改单号	签名	日期		签名	日期	第 2 页	
						拟制				
						审核			共 3 页	
底图总号										
						标准化			第 1 册	第 13 页

2）导线及扎线加工卡

导线及扎线加工卡用于导线和扎线的加工准备及排线等，见表 2-10。

表 2-10　导线及扎线加工卡

导线及线扎加工表				产品型号和名称					产品图号		
				S753 台式收音机					HD. 2. 025. 105		
编号	名称、规格	颜色	数量	长度/mm					去向、焊接处		备注
				L 全长	A 端	B 端	A 剥头	B 剥头	A 端	B 端	
1-1	UL1007 AGW6 导线	棕	1	160			8	8	基板	扬声器	
1-2	UL1007 AGW6 导线	黑	1	160			8	8	基板	扬声器	
1-3	UL1007 AGW6 导线	黑	1	160			8	8	基板	夹簧	
1-4	UL1007 AGW6 导线	红	1	120			8	8	开关	电池板	
1-5	UL1007 AGW6 导线	黄	1	60			8	8	开关	基板	

导线、扎线的名称、规格

导线、扎线的颜色

导线、扎线的数量

导线、扎线的总长度

导线、扎线B端的焊接处

导线、扎线B端的剥线长度

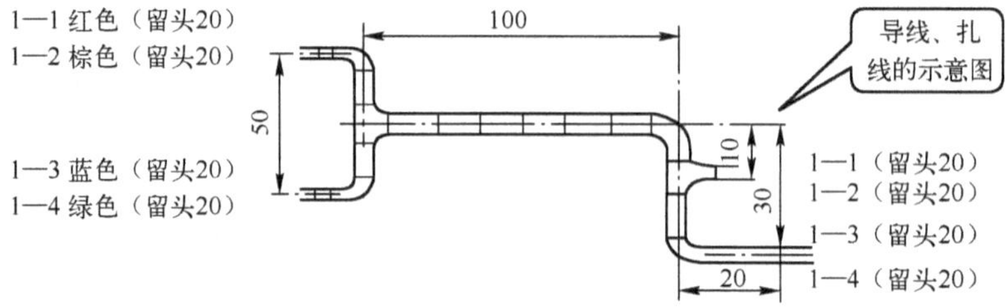

旧底图总号	更改标记	数量	更改单号	签名	日期		签名	日期	第 1 页	
						拟制				
						审核			共 1 页	
底图总号										
						标准化			第 1 册	第 15 页

6. 装配工艺文件

（1）装配工艺文件又称工艺作业指导卡，用于编制产品的部件、组（整）件装配工艺，简要说明产品、零部件的加工或装配过程。它反映了电子整机装配过程中，装配准备、装联、调试、检验、包装入库等各道工序的工艺流程，是完成产品部件、整件的机械装配和电气装配的指导性工艺文件。装配工艺卡见表 2-11。

表 2-11　装配工艺卡

装配工艺卡片		工序名称	产品名称	
		插件（4）	小型台式收音机	
			产品型号	
			S 753	
序号	**装入件及辅助材料的代号、名称、规格**	**数量**	**工 艺 要 求**	**工装名称**
R5	电阻器 RT14－0.25W－470Ω	1	（1）插入位置见“插件工艺简图”（第 8 页）第 4 部分	镊子
R8	电阻器 RT14－0.25W－470Ω	1		剪刀
C2	电容器 CC1－63V－0.022μF	1	（2）插入工艺要求见通用工艺“插件工艺规范”	
C9	电容器 CC1－63V－0.022μF	1		
C10	电容器 CD11－16V－4.7μF	1		
C11	电容器 CD11－16V－4.7μF	1		
Q4	三极管 3DG201（S11）	1		

装配该元件及辅助材料所需工具

装配该元件及辅助材料的工艺要求

装入件及辅助材料的代号、名称、规格

旧底图总号	更改标记	数量	更改单号	签名		签名	日期	第 4 页	
					拟制				
					审核			共 8 页	
底图总号									
					标准化			第 1 册	第 19 页

（2）工艺说明及简图卡。工艺说明及简图卡可作为任何一种工程的续卡，它用简图、流程图、表格及文字形式进行表述。工艺说明及简图卡也可以用于编制规定格式以外的其他工艺过程，如调试说明、检验要求、各种典型工艺文件等。插件工艺说明见表 2-12，工艺简图如图 2-2 所示。

表 2-12　插件工艺说明

<table>
<tr><td rowspan="4"></td><td rowspan="4">工 艺 说 明</td><td>工艺文件名称</td><td>产品名称</td></tr>
<tr><td rowspan="3">插件工艺规范</td><td>小型台式收音机</td></tr>
<tr><td>产品型号</td></tr>
<tr><td>S 753</td></tr>
</table>

某工位具体的工艺要求

一、工具

镊子　　1 把

钢圈尺　　1 把

二、插件前准备

1. 核对元器件的型号、规格、标称值是否与配套明细表中规定相符，并将元器件按插件的顺序放入料盒，要求每天上下午插件前各核对一次。

2. 核对元器件的形状及引出脚的长度是否符合预成型工艺的要求。

三、装插要求

1. 卧式安装的元器件

（1）一般电阻器、二极管、跨接线要求自然平贴于印制板上（如a图），注意用力均匀，以免人为造成电阻器、二极管折断。

（2）有散热要求的二极管、大功率电阻引出脚须作单弯曲整形，插入印制板后弯曲处底部应紧贴板面（如b图）。

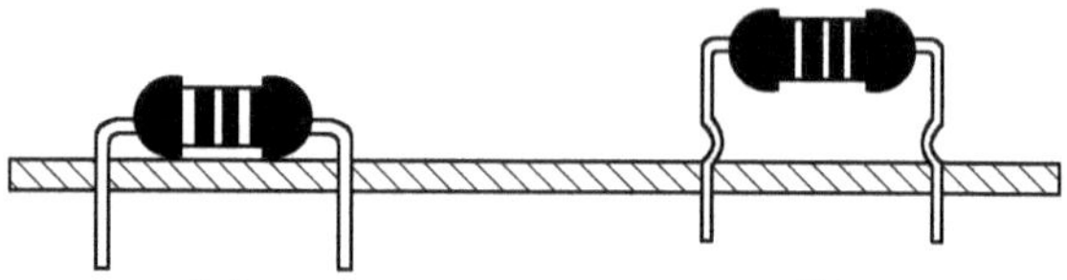

（a）　　（b）

2. 立式安装的元器件

（1）小、中功率晶体管插入印板后，管座与板面的距离为 $a=5\sim7$ mm，要求插正，不允许明显歪斜。

（2）园片瓷介电容（包括类似形状的电容）的预成型有单弯曲及双弯曲整形两种，凡属单弯曲整形的，插入印制板后弯曲处底部应紧

<table>
<tr><td>旧底图总号</td><td>更改标记</td><td>数量</td><td>更改单号</td><td>签名</td><td></td><td></td><td>签名</td><td>日期</td><td colspan="2" rowspan="2">第 1 页</td></tr>
<tr><td></td><td></td><td></td><td></td><td></td><td></td><td>拟制</td><td></td><td></td></tr>
<tr><td></td><td></td><td></td><td></td><td></td><td></td><td>审核</td><td></td><td></td><td colspan="2" rowspan="2">共 2 页</td></tr>
<tr><td>底图总号</td><td></td><td></td><td></td><td></td><td></td><td></td><td></td><td></td></tr>
<tr><td></td><td></td><td></td><td></td><td></td><td></td><td>标准化</td><td></td><td></td><td rowspan="2">第 2 册</td><td rowspan="2">第 5 页</td></tr>
<tr><td></td><td></td><td></td><td></td><td></td><td></td><td></td><td></td><td></td></tr>
</table>

任务拓展

阅读实训生产工艺文件并进行正确的操作。

补充阅读

（1）不同单位的生产工艺文件只要能够符合工艺文件的编制原则、要求和规范，均可以根据本单位具体电子产品的复杂程度及制造的实际情况编制生产工艺文件。例如：某厂某产品的装配工艺卡如图 2-3 所示。

（2）工艺文件的编制：参见网页 http://wenku.baidu.com/view/db689d83d4d8d15abe234e68.html。

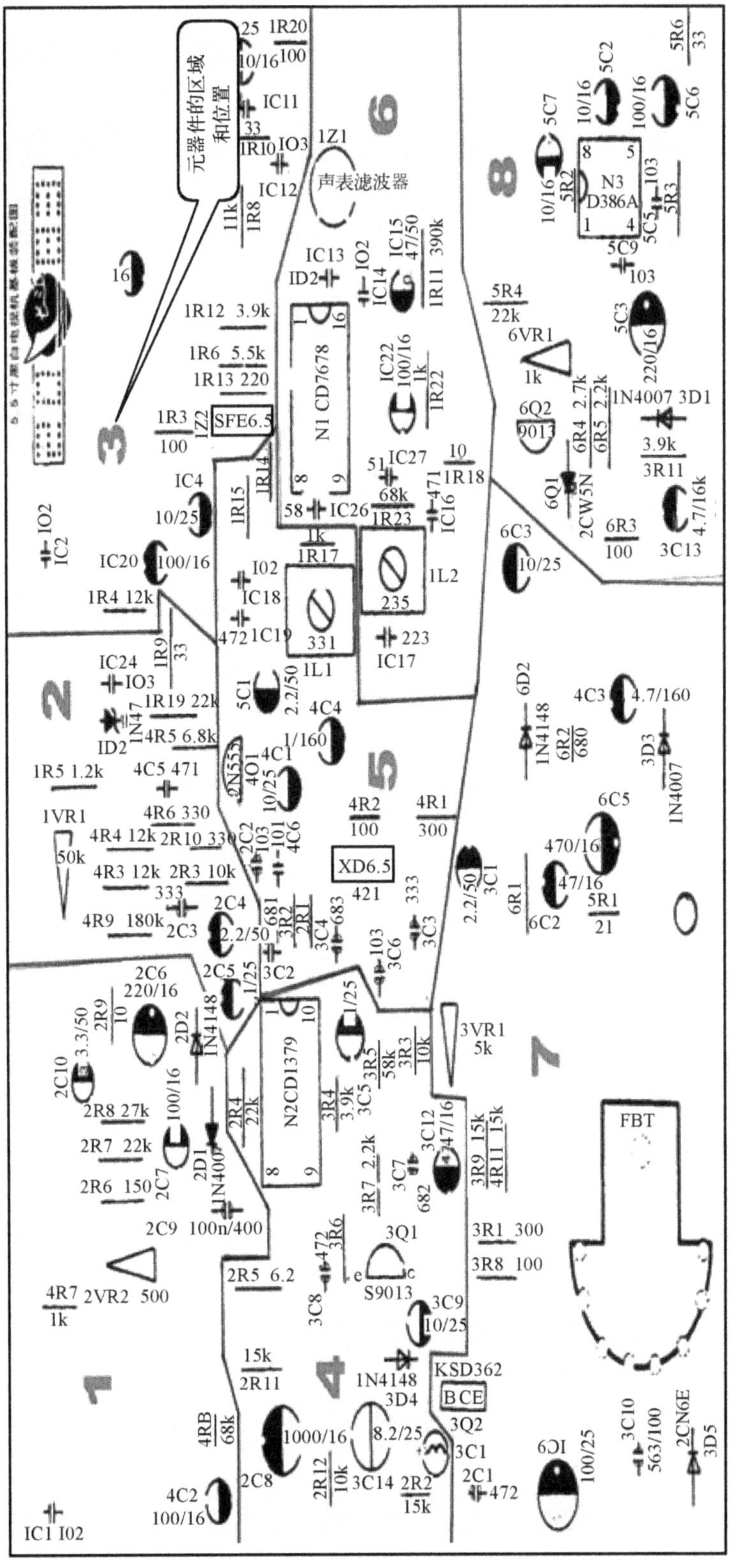

图 2-2 插件工艺简图

一、工位内容：电源安装。

二、操作步骤：

1. 把电烙铁调到370℃ ±20℃并通电，热风枪通电；
2. 在两个边梁2的型槽内分别放入两颗M4六角螺母；
3. 将钢索对准电源孔放置，用M4内六角螺钉戴上ϕ4平垫、弹垫并对准M4螺母将电源支架初步固定，再将电源调整到中心位置，用内六角将螺钉拧紧；
4. 在电源输出端的五根线上穿入热缩管；
5. 将电源输出端的黑色导线与两根护套线的黄绿线焊接，红色与红色导线焊接；
6. 将热缩管调整到焊接中心并用热风枪口对准加热。

三、工艺要求

1. 确保电源位于中心位置；
2. 紧固螺钉之前确保钢索已穿入螺钉并位于平垫之下；
3. 焊接必须正确，可靠；
4. 热风枪口与热缩管之间保持一定距离，热缩管绝缘可靠美观。

四、检验要求：

目测；

自检，抽检。

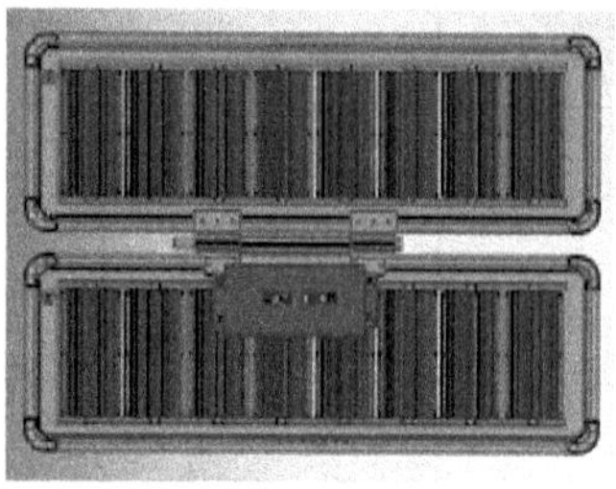

实物图

配套件及材料明细表				
编号	名称	规格型号	数量	备注
1	六角螺母	M4	4	
2	内六角螺钉	M4 ×10	4	
3	平垫	ϕ4	4	
4	弹垫	ϕ4	4	
5	钢索		1	
6				
7				

设备仪器及工艺装置				
编号	名称	规格型号	数量	备注
1	内六角	M4	1	
2				
3				

产品名称及型号		工序名称	工位号	工艺流程卡	签名	日期	更改标记 数量 签名 更改日期
××××××ₓ		电源安装	18		编制		
编号				×××××××有限公司	审核		
序号		第19页　共32页			批准		

图2-3　某厂某产品的装配工艺卡

学习评价

本任务学习评价见表2-13。

表2-13　学 习 评 价

学生姓名		班级			自评	组评	师评
应知知识评价（40分）	工艺文件的种类（10分）						
	工艺文件的类容（30分）						
小　　计							
技能操作（40分）	评价内容		考核要求	评价标准	自评	组评	师评
	识读工艺文件（20分）		准确识读工艺文件	标准工艺文件			
	按工艺文件进行操作（20分）		按工艺文件进行正确操作	操作规范			
小　　计							
学生素养（20分）	评价内容	考核要求	评　价　标　准		自评	组评	师评
	操作规范（10分）	安全文明操作习惯	1. 安全操作规程 2. 文明生产的要求				
	德育（10分）	团队协作 自我约束能力	小组团结和协作精神、考勤、操作认真仔细的情况，根据实际情况进行扣分				
小　　计							
综合评价							

任务二 生产工艺文件的编制

任务描述

一电子厂准备生产S735小型台式收音机，基本要求是：工人每月工作20天，每天8小时工作制，上班准备时间15分钟，上、下午中途休息时间各15分钟；计划日产量为1 000台；要求质量可靠，生产成本尽可能低。作为一名工艺人员，要求在以上条件下，编制全套工艺文件，从而指导生产。

知识准备

1. 工艺文件的编制原则

（1）既要具有经济上的合理性和技术上的先进性，又要考虑企业的实际情况，具有适用性。

（2）必须严格与设计文件的内容相符合，应尽量体现设计的意图，最大限度的保证设计质量的实现。

（3）要严肃认真、一丝不苟，力求文件内容完整正确，表达简洁明了，条理清楚，用词规范严谨。并尽量采用视图加以表达。要做到不用口头解释，根据工艺规程，就可正常地进行所有生产活动。

（4）要体现质量第一的思想，对质量的关键部位及薄弱环节应重点加以说明。技术指标应前紧后松，有定量要求，无法定量的要以封样为准。

（5）尽量提高工艺规程的通用性，对一些通用的工艺要求应上升为通用工艺。

（6）表达形式应具有较大的灵活性及适用性，做到当产量发生变化时，文件需要重新编制的比例压缩到最小程度。

2. 工艺文件的编制方法

（1）仔细分析设计文件的技术条件、技术说明、原理图、装配图、接线图、扎线图及有关零部件图，参照样机将这些图中的焊接要求与装配关系逐一分析清楚。

（2）根据实际情况，确定生产方案，明确工艺流程。

（3）编制准备工序工艺文件。凡不适合在流水线上安装的元器件、零部件都应安排到准备工序去完成。

（4）编制总装流水线工序的工艺文件。根据日产量确定每道工序的工时，然后由产品的复杂程度确定产品所需的工序数，应充分考虑各工序工作量的均衡性，操作的顺序性，避免上下翻动产品，前后焊接安装等操作。还尽量把安装与焊接工序分开，以简化工人的操作。

3. 编制的依据

(1) 工艺规程编制的技术依据是全套设计文件、样机及各种工艺标准;

(2) 工艺规程编制的工作量依据是计划日（月）产量及标准工时定额;

(3) 工艺规程编制的适用性依据是现有的生产条件及经过努力可能达到的条件。

任务实施

1. 了解产品技术指标以及用户对产品的要求

了解用户质量验收的标准；查阅 S735 小型台式收音机质量标准，分析其外观、性能的技术指标，确定检测项目，掌握其检测方法。

2. 分析生产人员与生产设备情况

分析现有的生产人员数量、操作人员的技术能力以及现有的生产设备（包括仪器）状况。根据设计文件、生产要求、现有条件确定生产方式（包括生产设备、测试仪器和工装的选择)、日产量、生产节拍等。

3. 制定生产工艺方案、拟制生产计划（略）

4. 编制工艺汇总表

(1) 配套明细表：填写装配需用的零件、部件、整件及材料与辅助材料的清单，见表 2-2。

(2) 仪器仪表明细表：填写需要的仪器仪表清单，见表 2-3。

(3) 工位器具明细表：填写工位上需要的工具和器材的型号、清单和数量，见表 2-4。

(4) 材料消耗定额表：填写需要的材料名称和单机用量，见表 2-5。

(5) 工时消耗定额表：填写工序、组件的名称和工时数，见表 2-6。

5. 设计工艺流程图

完成 S735 小型台式收音机的整个工艺流程设计，以框图的形式编制工艺流程图，主要以 Word 文件格式递交，如表 2-7 所示。

6. 准备工艺规程

(1) 编写元器件预成型卡片：填写元器件的位号、名称、规格型号、长度、数量和成形实物图，见表 2-9。

(2) 编写导线及线扎加工表：填写导线和线扎的规格型号和焊接处，见表 2-10。

7. 编制装配工艺文件

编制插件、补焊、调试和总装作业指导书。编制插件工艺文件是一项细致而烦琐的工作，必须综合考虑合理的次序、难易的搭配、工作量的均衡等诸因素，因为插件工人在流水线作业时，每人每天插入的元器件数量为 8 000 ～ 10 000 只，在这样大数量的重复操作中，若插件工艺编排不合理，会引起差错率的明显上升，所以合理的编排插件工艺是非常重要的，要使工人在思想在比较放松的状态下，也能正确高效的完成工作内容。编制插件工艺文件要领如图 2-4 所示。

计算插件工位数:

(1) 计算生产节拍时间：根据工人每天工作时间为 8 h，上班准备时间 15 min，上下午休息时间各 15 min。则

$$\begin{aligned}\text{每天实际作业时间} &= \text{每天工作时间} - (\text{准备时间} + \text{休息时间})\\ &= [60 \times 8 - (15 + 15 + 15)]\ \text{min}\\ &= 435\ \text{min}\end{aligned}$$

$$节拍时间=\frac{实际作业时间}{计划日产量}=\frac{435\times60}{1\ 000}\text{ s}=26.1\text{ s}$$

编制插件工艺文件要领

1. 各道插件工位的工作量安排要均衡，工位间工作量（按标准工时定额计算）差别不大于3s。

2. 电阻器避免集中在某几个工位安装，应尽量平均分配给各道工位。

3. 外形完全相同而型号规格不同的元器件，绝对不能分配给同一工位安装。

4. 型号、规格完全相同的元器件应尽量安排给同一工位。须识别极性的元器件应平均分配给各道工位。

5. 安装难度高的元器件，也要平均分配。

6. 前道工位插入的元器不能造成后道工位安装的困难。

7. 插件工位的顺序应掌握先上后下、先左后右，这样可减少前后工位的影响。

8. 在满足上述各项要求的情况下，每个工位的插件区域应相对集中，可有利于插件速度

图 2-4　编制插件工艺文件要领

（2）计算印制板插件总工时：将元器件分类列在表内，见表 2-14，按标准工时定额查出单件的定额时间，最后累计出印制板插件所需的总工时为 173.5 s。

表 2-14　插件工时统计表

序　　号	元器件名称	数量/只	定额时间/s	累计时间/s
1	小功率碳膜电阻器	13	3	39
2	跨接线	4	3	12
3	中周（五脚）	3	4	12
4	小功率晶体管（需整形）	5	5.5	27.5
5	小功率晶体管	2	4.5	9
6	电容器（无极性）	12	3	36
7	电解电容器（有极性）	7	3.5	24.5
8	音频变压器（五脚）	2	5	10
9	二极管	1	3.5	3.5
合计总工时/s				173.5

（3）计算插件工位数：

插件工位的工作量安排一般应考虑适当的余量，当计算值出现小数时一般总是采取进位的方式，所以根据上式得出，日产 1 000 台收音机的插件工位人数应确定为 7 人。

$$插件工位人数 = \frac{插件总工时}{节拍时间} = \frac{173.5}{26.1} = 6.55 \approx 7$$

（4）确定工位工作量时间：

$$工位工作量时间 = \frac{插件总工时}{人数} = \frac{173.5}{7}\ \mathrm{s} = 24.78\ \mathrm{s}$$

$$工作量允许误差 = 节拍时间 \times 10\% = 26.1\ \mathrm{s} \times 10\% \approx 2.6\ \mathrm{s}$$

（5）划分插件区域：

按编制要领将元器件分配到各工位。

（6）工作量统计分析：

对每个工位的工作量进行统计分析，工位工作量统计表见表 2-15。

表 2-15　工位工作量统计表

类型＼工位序号	一	二	三	四	五	六	七
电阻数/只	1	2	2	2	2	2	2
跨接线数/只	1	—	—	—	2	1	—
二、三极管数/只	2	1	1	1	1	1	1
瓷片电容/只	2	2	2	2	1	1	2
电解电容/只	—	1	1	2	1	1	1
中周、线圈数/只	1	1	1	—	—	—	—
变压器数/只	—	—	—	—	—	1	1
有极性元件数/只	2	2	2	3	3	2	2
元器件品种数/只	6	6	6	5	6	7	6
元器件个数/只	7	7	7	7	7	7	7
工时数/s	25	25	25	24.5	24	25	25

（7）编写装配工艺文件：

装配工艺卡片：填写插入元器件的名称、型号及规格，见表 2-11。

工艺说明：用来详细叙述插件操作的工艺要求，见表 2-12。

工艺简图：表达元器件所插入的区域及位置，如图 2-2 所示。

任务拓展

（1）编制八路竞赛抢答器的生产工艺文件。

（2）编制数字电子钟的生产工艺文件。

补充阅读

工艺文件案例见网页 http://221.2.159.215：90/xjjpk09/dzgy/html/2/3/4/index.html。

学习评价

本任务的学习评价见表 2-16。

表 2-16　任务学习评价表

<table>
<tr><td>学生姓名</td><td></td><td>班级</td><td colspan="2"></td><td>自评</td><td>组评</td><td>师评</td></tr>
<tr><td>应知知识评价
（40 分）</td><td colspan="4">工艺文件的编制内容（40 分）</td><td></td><td></td><td></td></tr>
<tr><td colspan="5">小　　计</td><td colspan="3"></td></tr>
<tr><td rowspan="2">技能操作
（40 分）</td><td colspan="2">评价内容</td><td>考核要求</td><td>评价标准</td><td>自评</td><td>组评</td><td>师评</td></tr>
<tr><td colspan="2">根据要求编制工艺文件（40 分）</td><td>文件内容完整正确，表达简洁明了，条理清楚，用词规范严谨</td><td>工艺文件的编制原则</td><td></td><td></td><td></td></tr>
<tr><td colspan="5">小　　计</td><td colspan="3"></td></tr>
<tr><td rowspan="3">学生素养
（20 分）</td><td>评价内容</td><td>考核要求</td><td colspan="2">评价标准</td><td>自评</td><td>组评</td><td>师评</td></tr>
<tr><td>操作规范
（10 分）</td><td>安全文明操作习惯</td><td colspan="2">1. 安全操作规程
2. 文明生产的要求</td><td></td><td></td><td></td></tr>
<tr><td>德育
（10 分）</td><td>团队协作
自我约束能力</td><td colspan="2">小组团结和协作精神、考勤、操作认真仔细的情况，根据实际情况进行扣分</td><td></td><td></td><td></td></tr>
<tr><td colspan="5">小　　计</td><td colspan="3"></td></tr>
<tr><td colspan="2">综合评价</td><td colspan="6"></td></tr>
</table>

项目三

元器件整形与插装

【知识目标】

- 熟悉元器件引脚弯折和整形方法；
- 熟悉手工焊接工艺；
- 熟悉元器件插装工艺；
- 熟悉贴片元件在 PCB 上的插装及工艺；
- 熟悉贴片元件手工焊接工艺。

【技能目标】

- 能够对元器件进行引脚折弯及整形；
- 能够正确地进行手工焊接；
- 能够正确地进行元器件插装；
- 能够进行贴片元件在 PCB 上的安装；
- 能够手工焊接贴片元件。

【情景导入】

如图 3-1 所示，在手工组装 OTL 功放电路的三维图中，元件安装规范，焊点美观，给人以美的享受。只要熟悉相应的安装技术、工艺要求和安装原则，就能安装出这样漂亮的电子产品！

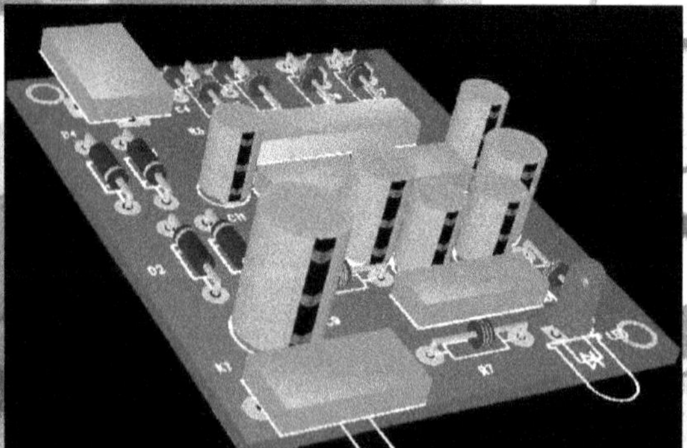

图 3-1　OTL 功放电路板

任务一

通孔安装技术(THT)

任务描述

电子产品的电气连接，是通过对元器件、零部件的装配与焊接来实现的。安装与连接，是按照设计要求制造电子产品的主要生产环节。产品的装配过程是否合理，焊接质量是否可靠，对整机性能指标的影响是很大的。掌握正确的安装工艺与连接技术，对于保证电子产品的质量具有重要意义。

知识准备

1. 通孔安装技术的概念

通孔安装技术简称“THT”，就是将元器件引出脚插入印制电路板相应的安装孔，然后与印制电路板面的电路焊盘焊接固定，这种装联（装配和联结）技术称为“通孔安装技术”，又称“通孔插入安装技术”。

2. 元器件插装

就是将元器件的引线插入印制板相应的安装孔内，分为手工插装和自动插装两种。

3. 焊接技术

焊接技术是金属连接的一种方法，它利用加热手段，在两种金属的接触面，通过焊接材料的原子或分子的相互扩散作用，使两种金属永久而牢固地结合。

任务实施

1. 元器件引脚折弯及整形

对元器件进行通孔安装前，先要对元器件进行引脚折弯及整形，如图 3-2 所示。

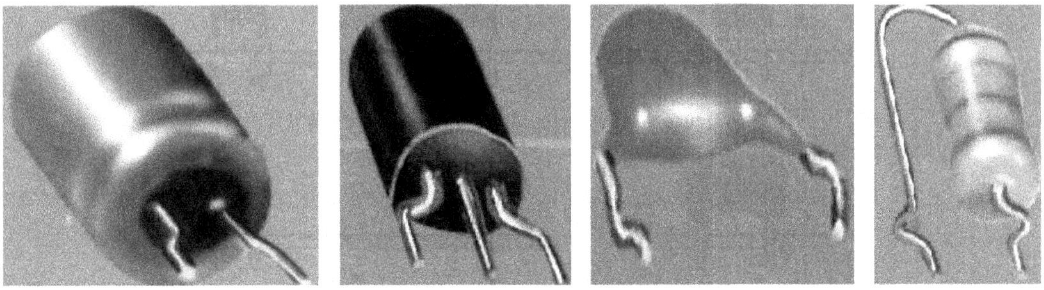

图 3-2　引线元器件引脚折弯及整形图

根据电路安装的具体要求，元器件的安装方式有水平安装（又称“卧式安装”）和垂直安装（又称“立式安装”）两种，如图3-3所示，对元器件引脚折弯及整形成形的基本要求为：$A \geqslant 2$ mm；$R \geqslant 2d$；图（a）中 $h = 0 \sim 2$ mm，图（b）中 $h \geqslant 2$ mm；$C = np$（p 为印制电路板坐标网格尺寸，n 为正整数）。

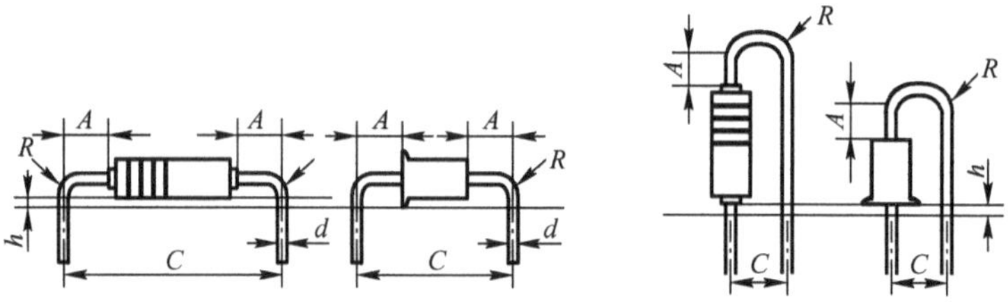

（a）水平安装　　（b）垂直安装

图3-3　器件引脚折弯及整形标准图

2. 手工插件的工艺要求

1）插件前准备

（1）核对元器件型号、规格；

（2）核对元器件预成型。

2）装插要求

（1）卧式安装：元器件如图3-4所示。

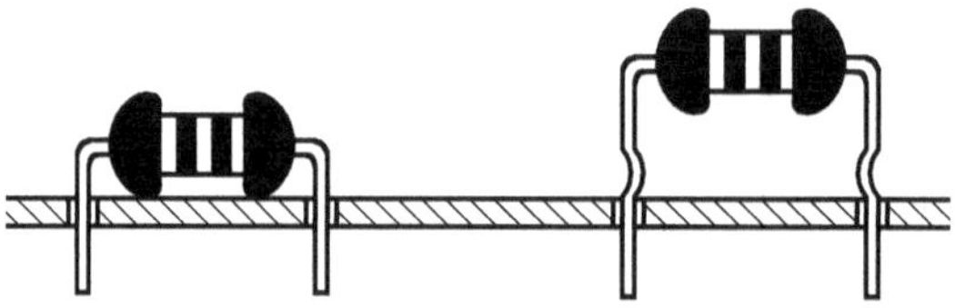

（a）贴紧板面　　（b）插到台阶处

图3-4　卧式安装

（2）立式安装：立式安装元器件要求插正，不允许明显歪斜，如图3-5所示。中周、线圈、集成电路以及各种插座应紧贴板面安装。

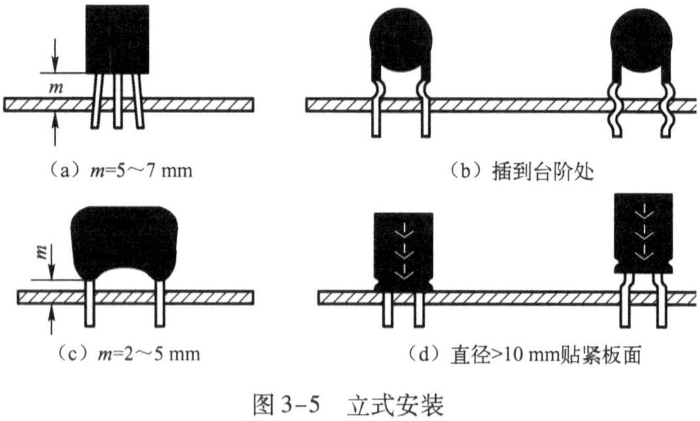

（a）m=5～7 mm　　（b）插到台阶处

（c）m=2～5 mm　　（d）直径>10 mm贴紧板面

图3-5　立式安装

（3）塑料导线

塑料导线外塑料层应紧贴板面安装。

（4）有极性元器件

有极性元器件（如晶体管、电解电容器、集成电路等）安装时极性方向不能插反。

3）插件工的素质

插件操作工（简称插件工）的素质对插件质量起着主要作用，确保插件工的素质应该做好下列工作：

（1）对插件工必须加强质量教育及技术培训；

（2）要制定明确的工艺规范；

（3）总结推广先进的插件操作法；

（4）对插件工的工作质量应该有明确的考核指标，一般要求插件差错率应控制在 65×10^{-6} 之内（即插 100 万个元件，错误不超过 65 个）。

4）不良插件及其纠正

（1）错插和漏插

这是指插入印制板的元器件规格、型号、标称值、极性等与工艺文件不符。产生原因：由人为的误插及来料中有混料造成。纠正方法：加强上岗前的培训，加强材料发放前的核对工作，并建立严格的质量责任制。

（2）歪斜不正

歪斜不正一般是指元器件歪斜度超过了规定值，如图 3-6 所示。危害性：歪斜不正的元器件易造成引线互碰而短路，还会因两引脚受力不均，在震动后产生焊点脱落、铜箔断裂的现象。

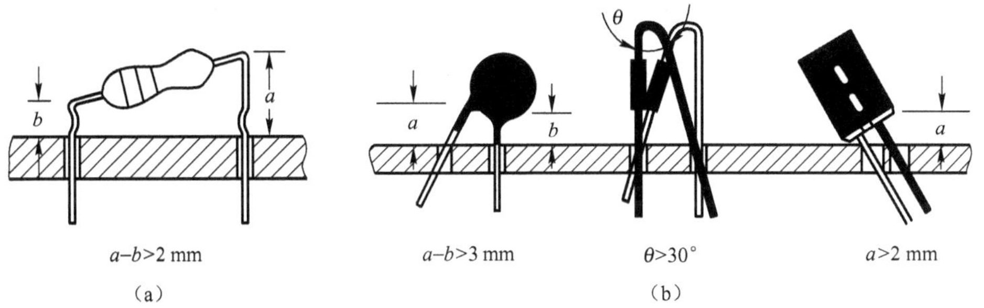

图 3-6　元器件插装歪斜不正

（3）过深或浮起（过浅）

插入过深，使元器件根部漆膜穿过印制板，造成虚焊；插入过浅，使引线未穿过安装孔，造成假焊使元器件脱落，如图 3-7 所示。

3. 自动插件

自动插件（简称 AI）是当代电子产品装联中较先进的自动化生产技术，其优越性体现在：提高了生产效率；提高插件正确性；提高可靠性。自动插件设备具有将元器件引线剪断和弯曲固定的功能，这样使引线焊接后与焊点的接触面积明显增大（是直脚焊 3 倍），如图 3-8 所示。

对自动插件的要求和工艺如表 3-1 所示。

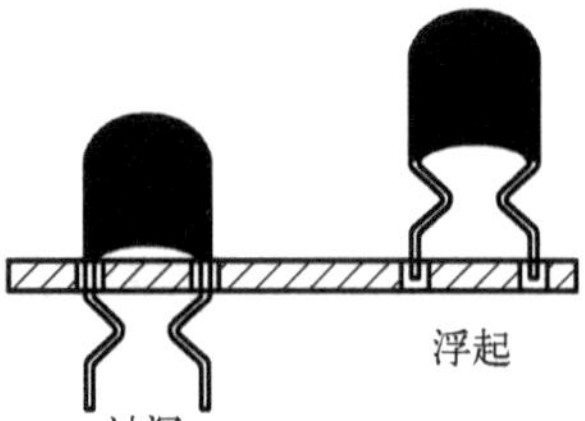

图 3-7　过深或浮起

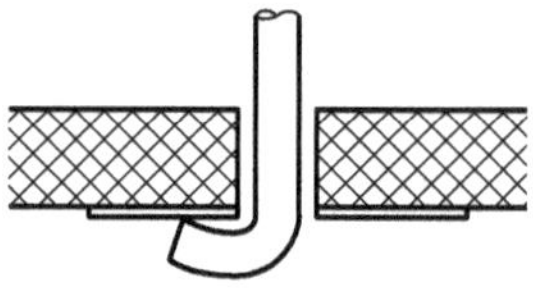

图 3-8　自动插件弯曲固定图

表 3-1　自动插件的要求和工艺

名　　称	要求和工艺
元器件	（1）编带元器件（为表面贴装电子元器件而研发的专用编带，打字到编带上，使用了该编带包装的电子元器件可以使用自动贴片、自动插件机使用）的外形尺寸、相邻元器件间隔距离、中心偏离值等都应符合技术要求。 （2）元器件引线及跨接线的可焊性应符合可焊性标准，见国际电子互联行业协会制定的《电子组件的可接受性标准（IPC－A－610D）》一书。（可焊性是指：金属材料在采用一定的焊接工艺包括焊接方法、焊接材料、焊接规范及焊接结构形式等条件下，获得优良焊接接头的难易程度。）
自动插件	（1）每组引线的插入孔与 x、y 轴不平行度应小于 0.05 mm。 （2）印制板的厚度一般应取 1.4～1.6 mm。 （3）必须具有定位孔，作为机插的基准孔及计算机基准点
操作人员	（1）按工艺文件要求，能正确操作自动插件机。 （2）按设备点检要求，能正确对设备进行点检。（点检是指：为了提高、维持生产设备的原有性能，通过人的五感（视、听、嗅、味、触）或者借助工具、仪器，按照预先设定的周期和方法，对设备上的规定部位（点）进行有无异常的预防性周密检查的过程，以使设备的隐患和缺陷能够得到早期发现、早期预防、早期处理。） （3）按设备提示内容，能正确排除自动插件机的一般性故障
工艺	（1）编程完成后应安排 2～3 块试插，以判断程序是否正确。 （2）在轴向、径向插件后都应安排严格的全数检查和精密检查（抽检），以确保插件成品的质量。 （3）插件完成后应将印制板插入专用存放箱（每格一块）妥善存放，存放周期越短越好，最多不得超过三天，以免造成可焊性下降及印制板变形，从而影响焊接质量
环境	（1）温度：机房内的温度应保持在 20℃ ±5℃，才能保证插件机正常工作。 （2）湿度：机房内的相对湿度应控制在 70%～80%，以免因湿度太大而引起纸带粘合，不易切断，或者因湿度太小而造成编带脱落。 （3）气压：机房内的气压一般应保持在 5.5～6.5 kg/m^2，气压太低会影响控制的时序，而导致插件机工作不正常，严重的甚至造成机头及台面的损坏。 （4）干扰：机房附近不得进行电焊、电割等操作，以免造成插件机的误动作

总之，先进的自动化设备只有在优质的环境和管理下，才能真正地发挥其优越性。

4. 手工焊接工艺

手工焊接工艺如图 3-9 所示。

1）手工焊接的工具和材料

（1）手工焊接工具

常用的手工焊接工具如图 3-10 所示。

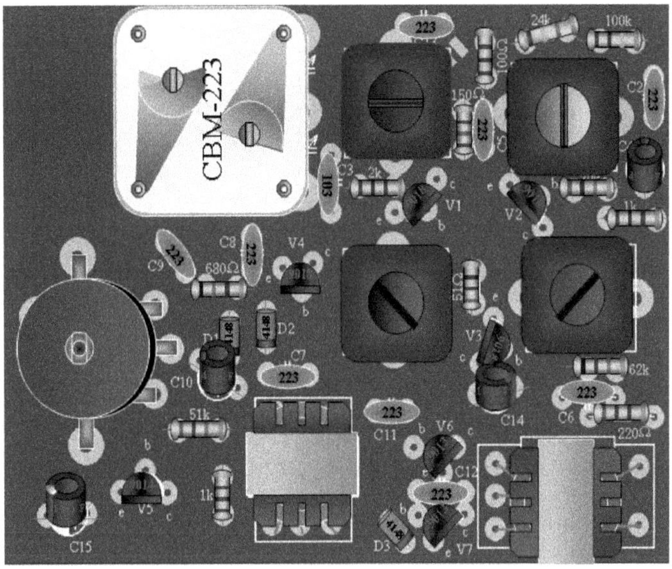

图 3-9　手工焊接工艺示意图

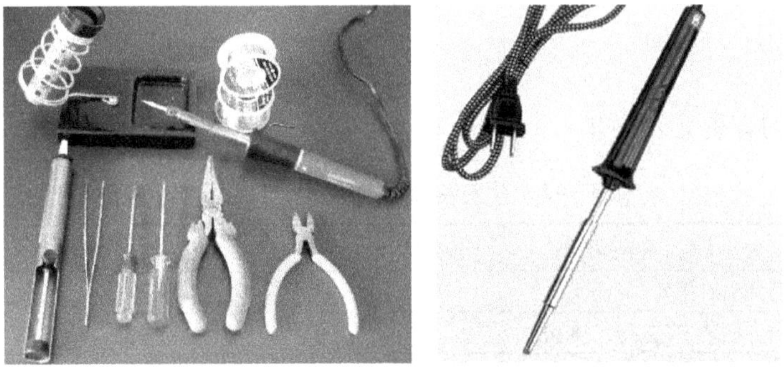

图 3-10　手工焊接工具

(2) 焊接材料

焊接材料分为焊料和焊剂。图 3-11 所示为常用的焊料——焊锡丝，一般其内部自带助焊剂（松香）。

图 3-11　焊接材料

(3) 手工焊接工艺

手工加热焊接（五步法）如图 3-12 所示。

2) 焊接工艺

(1) 焊接工艺要求

光滑、圆润、大小合适、均匀无毛刺、有金属光泽，如图 3-13 所示。

(2) 注意事项

◆ 电烙铁的安全使用和科学使用；
◆ 焊接时不可施加压力；
◆ 注意区分有极性元器件的极性；
◆ 尽量避免重复焊接。

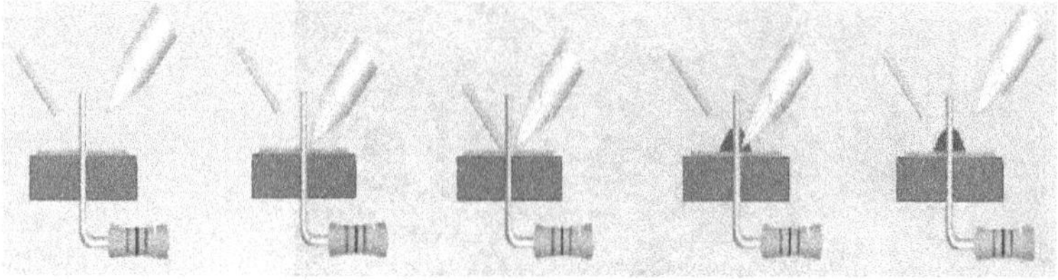

图 3-12　焊接五步法

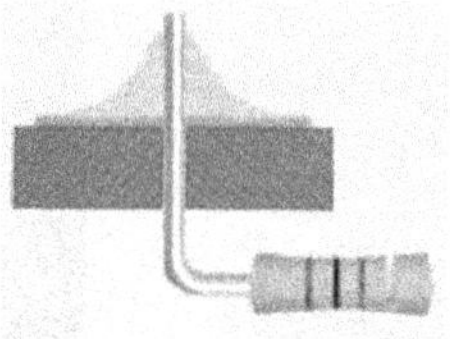

图 3-13　合格的焊点

任务拓展

通孔安装技术是电器设备安装调试的重要技术，要练就过硬的本领才能从事更高更精更准的通孔安装技术工作，如航天飞行器上的电子元器件的安装等，其电路更加复杂，要求更加精准。大家可以利用课余时间，用所学知识技能对单片机实训电路板进行通孔安装，加强自身练习。

补充阅读

（1）航天飞行器上的电子元器件的安装技术和核动力航母电子元器件的安装要求；

（2）请阅读西北工业大学出版社余旭东等主编的《飞行器结构设计》里的安装要求。

学习评价

本任务的学习评价见表 3-2。

表 3-2　孔安装技术（THT）学习评价

学生姓名		班级		自评	组评	师评
应知知识评价（20 分）	元器件引脚排列（4 分）					
	元器件插装工艺要求（8 分）					
	手工焊接工艺要求（8 分）					
小　　计						
技能操作（60 分）	评价内容	考核要求	评　价　标　准	自评	组评	师评
	对电阻器（有 2 个立式 3 个卧式）、电容器（5 个）、三极管（5 个）等元器件引脚折弯及整形（20 分）	能正确进行引脚折弯及整形	元器件引脚折弯及整形不到位，5 分/处			
	对电阻器（有 2 个立式 3 个卧式）、电容器（5 个）、三极管（5 个）进行插装（20 分）	元件安装位置正确，安装定位符合标准（无横向、纵向偏移）	安装错误，5 分/处			
	对电阻器（5 个）、电容器元件（5 个）、三极管（5 个）进行焊接（20 分）	焊点质量（明亮、光滑、内凹）；焊锡量适当；焊点引脚的突出符合标准	焊点不明亮、不光滑，2 分/处；焊点引脚的突出不符合标准，1 分/处			
小　　计						

续表

<table>
<tr><td rowspan="3">学生素养
（20 分）</td><td>评价内容</td><td>考核要求</td><td>评　价　标　准</td><td>自评</td><td>组评</td><td>师评</td></tr>
<tr><td>操作规范
（10 分）</td><td>安全文明操作
实训养成</td><td>1. 无违反安全文明操作规程，未损坏元器件及仪表
2. 操作完成后器材摆放有序，实训台整理达到要求，实训室干净清洁
（根据实际情况进行扣分）</td><td></td><td></td><td></td></tr>
<tr><td>德育
（10 分）</td><td>团队协作
自我约束能力</td><td>小组团结协作精神、考勤、操作的认真仔细情况等
（根据实际情况进行扣分）</td><td></td><td></td><td></td></tr>
<tr><td colspan="4">小　　　计</td><td colspan="3"></td></tr>
<tr><td colspan="2">综合评价</td><td colspan="5"></td></tr>
</table>

任务二

表面安装技术(SMT)

任务描述

随着电子工业的迅猛发展，电子产业逐步向高集成、微型化发展，如计算机主板等，日益增大的信息处理量，压缩在有限空间和更小的重量范围之内，因此对电子装联工艺就不断提出新的要求。表面安装技术（SMT）是一种新的元器件安装技术，已经渗透到电子产品生产的各个领域，如计算机主板、电视机、手机、电调谐 FM 微型收音机等。目前，SMT 面临的阶段性任务是以高密度组装为核心目标，提高和完善贴片元件的表面安装技术。

为适应时代的发展，表面贴装技术为电子工艺实习提出了新的课题。

知识准备

1. 表面安装技术（SMT）

SMT 就是表面安装技术（Surface Mounted Technology）的英文缩写，是目前电子组装行业里最流行的一种技术和工艺。表面安装技术是一种无须在印制板上钻插装孔，直接将元器件贴焊到印制电路板表面上的新型电路装联技术。具体地说，表面安装技术就是用特定的工具或设备，将表面贴装元器件引脚对准预先涂覆了粘接剂和焊膏的焊盘，将元器件粘贴到 PCB 板表面上，然后经过手工贴装、波峰焊或再流焊（又称回流焊），使表面组装元器件和电路之间建立可靠的机械和电气连接。其特点是：元器件和焊点在电路基板的同一侧。

SMT 安装方式有两种：一种是手工贴装，一种是 SMT 生产线组装。虽然在企业大批量生产时都采用先进的 SMT 生产线组装，然而在 SMT 组件的返修时，或在新样机的试制阶段，都需要手工贴装技术，因此手工贴装的焊接技术是必需的。

2. 贴片元件在 PCB 上的安装工艺要求

（1）贴装器件引脚布局方向正确；

（2）焊接处光滑圆润有明显边界；

（3）焊点无空缺，直径、体积、灰度和对比度相同；

（4）无焊盘偏移或偏转，无焊锡球。

图 3-14 所示为表面安装电路板及工艺示意图。

3. 贴片元件手工焊接的常用工具和材料

贴片元件手工焊接的常用工具和材料如图 3-15 所示，表 3-3 对这些工具和材料进行了必要的说明。

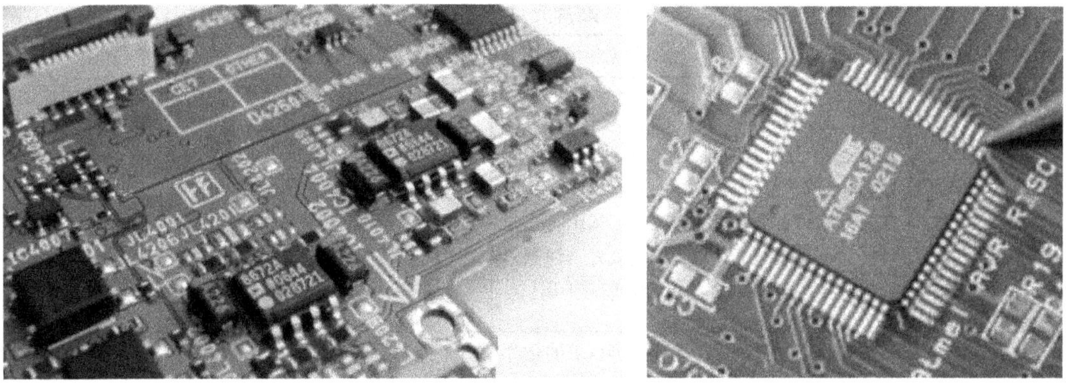

图 3-14　表面安装电路板

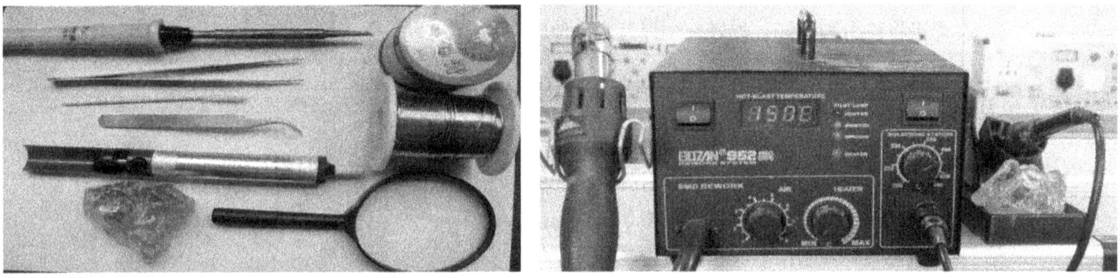

图 3-15　贴片元件手工焊接的常用工具和材料

表 3-3　贴片元件手工焊接的常用工具和材料

常用工具名称	作　　用	常用材料名称	型 号 或 作 用
电烙铁	常使用尖锥形烙铁头	焊锡丝	ϕ0.6 mm 以下
镊子	镊子的主要作用在于方便夹起和放置贴片元件	吸锡带	吸锡带（也可用吸锡线代替）用于上锡过多时，去除多余的焊锡
热风枪	利用其枪芯吹出的热风来对元件进行焊接和拆卸	松香	松香是焊接时最常用的助焊剂
放大镜	方便可靠地查看每个管脚的焊接情况	焊锡膏	具有腐蚀性，可除去金属表面的氧化物。在焊接贴片元件时，可以用来“吃”焊锡，让焊点亮泽与牢固
		酒精	清洁作用。酒精能溶解松香，用酒精棉球将电路板上残留松香的地方擦干净

贴片焊接所需要的常用工具除了上述之外，还有一些比如海绵、洗板水、硬毛刷、胶水等，这里不再细述。

任务实施

1. 贴片元件的手工焊接

贴片元件的手工焊接见表 3-4。

表 3-4　贴片元件的手工焊接

步　　骤	操作注意事项	示　意　图
1. 清洁和固定 PCB	焊接前，对 PCB 进行检查，确保其干净，对表面的手印汗渍及氧化物等进行清除（洗板水或酒精清洗）；手工焊接 PCB 时，条件允许时可以用焊台固定好 PCB 以方便焊接。一般情况下，用手固定就好，注意不要用手指接触 PCB 上的焊盘以影响上锡	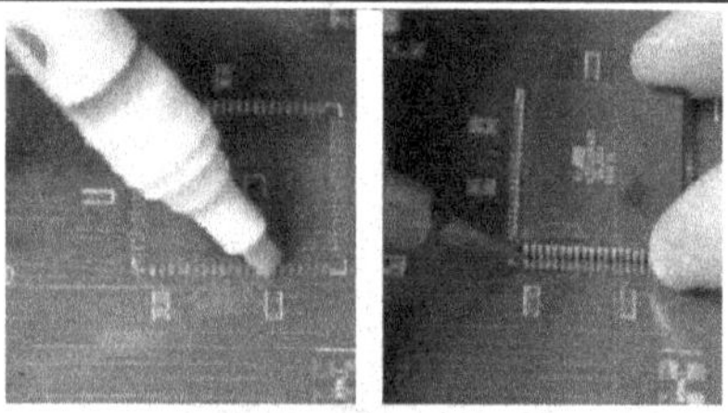 清洁和固定PCB图
2. 固定贴片元件	单脚固定法：适用于 5 个引脚以下的贴片元件。先在 PCB 板上对其中的一个焊盘上锡，然后左手拿镊子夹持元件放到安装位置并轻抵住电路板，右手拿烙铁靠近焊盘熔化焊锡将该引脚焊好。焊好一个焊盘后元件已不会移动，此时镊子可以松开	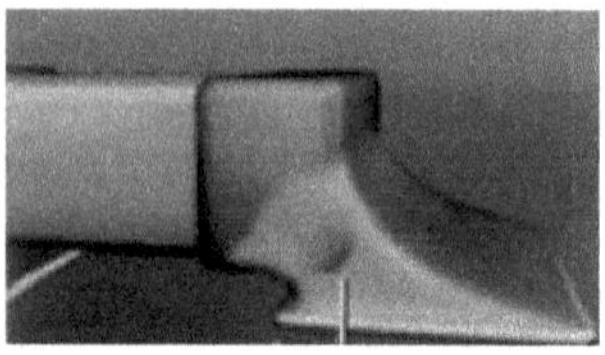
	对脚固定法：适用于多引脚的贴片元件。焊接固定一个引脚后，再对该引脚对角的引脚进行焊接固定，从而达到将整个芯片固定好的目的。需要注意的是，引脚多且密集的贴片芯片，引脚精准对齐焊盘非常重要，应仔细检查核对，它直接决定了焊接的好坏	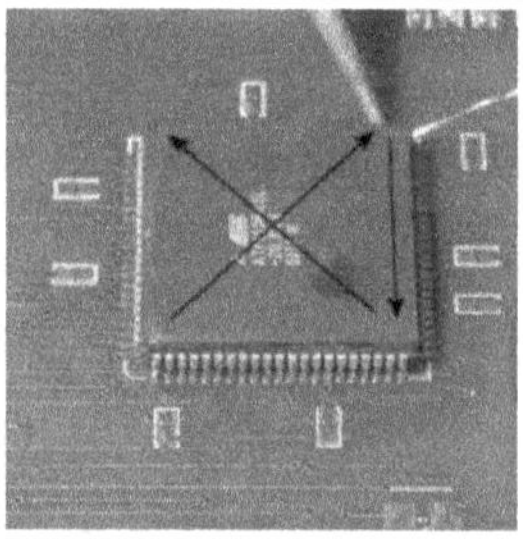
3. 焊接剩下引脚	元件固定好之后，应对剩下的引脚进行焊接。对于引脚少的元件，可左手拿焊锡，右手拿烙铁，依次点焊即可。对于引脚多且密集的芯片，除了点焊外，还可以采取拖焊。即在一侧的管脚上足锡，然后利用烙铁将焊锡熔化往该侧剩余的管脚上抹去，熔化的焊锡可以流动，因此有时也可以将板子合适的倾斜，可将多余的焊锡弄掉。	
4. 清除多余焊锡，清洗焊接的地方	焊接时会造成引脚短路现象，拿吸锡带将多余的焊锡吸掉。 板上芯片引脚的周围残留松香：用洗板水或酒精清洗，清洗工具可以用棉签，也可以用镊子夹着卫生纸之类进行。清洗擦除时应该注意的是酒精要适量，其浓度最好较高，以快速溶解松香之类的残留物	

2. 贴片元件的拆焊

1）对少引脚的贴片元器件的拆焊（少引脚元件一般是指引脚在 5 个以下的元器件）

（1）手动快速拆焊：对元器件的一边加热直到焊锡熔化，接着非常快速地加热另一边，在第一边冷却之前熔化焊锡，再用烙铁拨开器件。该方法可以很好地工作，但动作必须快。许多两脚器件底下有胶，烙铁不能直接剥离，须用镊子辅助剥离，如图 3-16 所示。

图 3-16　手动快速拆焊法

（2）去锡丝辅助拆焊：在元器件两边使用去锡丝来去除焊锡，用镊子扭动元器件，破坏元器件下面的焊锡连接。如果未清除所有的焊锡，该方法会危及走线。

（3）热镊子拆焊：用热镊子同时加热元器件两边，让焊锡融化，从而拆取下元器件。热镊子加热非常快，而温度相当高，动作必须很快，否则会烧毁器件。此方法又快又容易，如图 3-17所示。

图 3-17　热镊子拆焊

2）对多引脚的贴片元件的拆焊（以贴片 IC 的拆焊为例）

方法一：细铜丝拆焊。一般的贴片 IC 引脚与电路板之间都会有一个缝隙，找一段细铜丝，把铜丝从这个缝隙中穿过，之后把铜丝的一端固定在电路板上，另一端用手抻住，再用电烙铁加热有铜丝一侧的贴片 IC 的引脚，同时把铜丝从引脚与电路板之间抻出来，这时该侧引脚就与电路板分离了，用同样的方法把所有的引脚与电路板分离，贴片 IC 就被成功拆下了，如图 3-18 所示。

方法二：堆锡拆焊。在要拆卸的贴片 IC 所有的引脚上堆锡，然后用烙铁轮流加热（可同时用两把烙铁），直到所有的锡溶化即可用镊子将 IC 提起，如图 3-19 所示。但这种方法易烫坏被拆元器件。

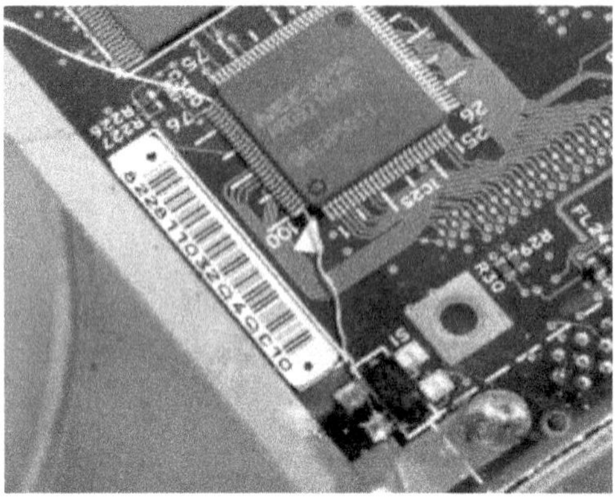

图 3-18　细铜丝拆焊

图 3-19　堆锡拆焊

方法三：热风枪移除拆卸。此方法适用于任何贴片器件，特别适用于较大的器件。使用热风枪时，首先设置在低温上，在器件周围转动预热该区，接着稍稍增加温度，然后移近芯片，在芯片底下插入螺丝刀或类似的东西，这样焊锡开始熔化时就会看到芯片在移动，慢慢绕着芯片移动直到看见焊锡软化，然后增加移动速度，这样有助于保证全部焊锡熔化，最后利用工具，移走芯片，如图 3-20 所示。

图 3-20　热风枪移除拆焊

任务拓展

阅读 SMT 岗位操作规范、SMT 修理工操作规范，进一步提升自己的操作技能。加强在贴片元器件的焊接练习板上练习表面安装技术，然后对计算机主板进行安装和拆焊练习。

补充阅读

（1）现代表面安装技术请参阅网页：

http：//lunwen. freekaoyan. com/ligonglunwen/dianzi/20061203/116508926674548. shtml；

（2）参阅杜中一主编的图书《SMT 表面组装技术》。

学习评价

本任务的学习评价见表 3–5 所示。

表 3–5　表面安装技术（SMT）学习评价表

<table>
<tr><td>学生姓名</td><td></td><td>班级</td><td colspan="2"></td><td>自评</td><td>组评</td><td>师评</td></tr>
<tr><td rowspan="3">应知知识评价（20 分）</td><td colspan="4">表面安装技术要求（4 分）</td><td></td><td></td><td></td></tr>
<tr><td colspan="4">贴片元件在 PCB 上的安装工艺要求（8 分）</td><td></td><td></td><td></td></tr>
<tr><td colspan="4">安装常用工具和材料（8 分）</td><td></td><td></td><td></td></tr>
<tr><td colspan="5">小　　计</td><td colspan="3"></td></tr>
<tr><td rowspan="5">技能操作（60 分）</td><td colspan="2">评价内容</td><td>考核要求</td><td>评价标准</td><td>自评</td><td>组评</td><td>师评</td></tr>
<tr><td colspan="2">清洁 PCB（10 分）</td><td>对 PCB 进行检查，确保其干净。对其表面的手印汗渍及氧化物等要进行清除</td><td>清洁度不达标，5 分/处（10 分扣完即止）</td><td></td><td></td><td></td></tr>
<tr><td colspan="2">单脚固定法：
对电阻器（5 个）、二极管（5 个）、晶体管（5 个）贴片元件进行焊接（15 分）</td><td>焊接处光滑圆润，有明显边界、无空缺，直径、体积、灰度和对比度相同。无焊盘偏移或偏转，无焊锡球</td><td>焊点不明亮、不光滑，2 分/处；焊点凸出不符合标准，扣 1 分/处（15 分扣完即止）</td><td></td><td></td><td></td></tr>
<tr><td colspan="2">对脚固定法：
对贴片元件 STC89C58RD+（44 脚）2 个、LM741（8 脚）2 个、CD4060（16 脚）2 个进行焊接（20 分）</td><td>焊点质量（明亮、光滑、内凹，焊锡量适当）；引脚对齐焊盘，焊点引脚的突出符合标准</td><td>焊点不明亮、不光滑、引脚未对齐焊盘；焊点引脚的凸出不符合标准，0.5 分/处（20 分扣完即止）</td><td></td><td></td><td></td></tr>
<tr><td colspan="2">拆焊：
电阻器（2 个）、晶体管（2 个）、CD4060（16 脚，2 个）（15 分）</td><td>动作快、不能损坏元件、拆焊质量高</td><td>损坏元件、焊盘脱落、铜箔脱落扣 2 分/处（15 分扣完即止）</td><td></td><td></td><td></td></tr>
<tr><td colspan="5">小　　计</td><td colspan="3"></td></tr>
<tr><td rowspan="3">学生素养（20 分）</td><td>评价内容</td><td>考核要求</td><td colspan="2">评　价　标　准</td><td>自评</td><td>组评</td><td>师评</td></tr>
<tr><td>操作规范（10 分）</td><td>安全文明操作
实训养成</td><td colspan="2">1. 无违反安全文明操作规程，未损坏元器件及仪表
2. 操作完成后器材摆放有序，实训台整理达到要求，实训室干净清洁。（根据实际情况进行扣分）</td><td></td><td></td><td></td></tr>
<tr><td>德育（10 分）</td><td>团队协作
自我约束能力</td><td colspan="2">小组团结协作精神、考勤、操作的认真仔细的情况等。
（根据实际情况进行扣分）</td><td></td><td></td><td></td></tr>
<tr><td colspan="5">小　　计</td><td colspan="3"></td></tr>
<tr><td colspan="2">综合评价</td><td colspan="6"></td></tr>
</table>

项目四

电子产品装配

【知识目标】

- 熟悉电子产品装配的完整过程；
- 熟悉流水线各环节的作用；
- 熟悉电子产品半成品装配过程；
- 熟悉电子产品成品装配过程。

【技能目标】

- 能够编制电子产品半成品（电路板）的装配流程图；
- 能够装配电子产品半成品；
- 能够编制电子产品成品（整机）的装配流程图；
- 能够装配电子产品成品。

【情景导入】

MP3、收音机、电视机、空调、冰箱、洗衣机等，家里的电子电器产品越来越丰富，对我们生活的影响也越来越大，这些电子产品的生产过程是怎样的？让我们来认真学习本项目内容吧。

任务一

认识电子产品装配流水线

任务描述

手工组装仅适合于小批量生产，对于要求性能稳定，有一定批量生产的产品，印制电路板装配工作量大，宜采用流水线装配，这种方式可大大提高生产效率，减小差错，提高产品合格率。本次任务就是通过参观企业来熟悉电子产品流水线生产的基本环节及其任务。

知识准备

1. 流水线操作

流水线操作是把一项复杂的工作分成若干道简单的工序，每个操作者在规定的时间内完成指定的工作量。划分工序的原则是每道工序所用的时间相等，这个时间就称为流水线的节拍。前一工序插装结束后，PCB 移动到下一个工序，PCB 在流水线上的移动，一般都是用传送带的运动方式进行的。传送带运动方式通常有两种：一种是间歇运动（即定时运动），另一种是连续匀速运动。这两种运动方式都要求每个操作者必须严格按照规定的节拍进行。完成一种印制电路板操作的工位（工序）划分，是根据其复杂程度、日产量或班产量，以及操作者人数等因素确定的。

2. 电子产品装配的一般流程

电子产品装配的一般流程如图 4-1 所示。引线切割一般用专用设备——线路板切脚机一次切割完成。锡焊通常由波峰焊机完成。

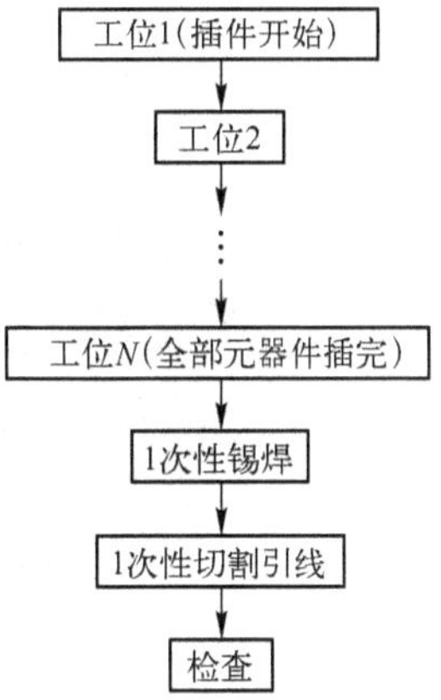

图 4-1　电子产品装配流程图

任务实施

组织学生参观某电子企业生产车间。参观时，参观者务必穿好防静电服，戴好鞋套，必要时进行静电测试；参观人员不可进入车间里黄线以内的区域，只能在黄线间的通道内走动，严禁触摸静电防护区内的一切设施。

1. 认识流水线

流水线是在一定的线路上连续输送货物的搬运机械，又称输送线或者输送机。流水线输送能力大，运距长，可在输送过程中同时完成若干工艺操作，所以应用十分广泛。根据生产产品的复杂程度、生产量、人员情况等诸多因素来决定流水线的工位数，少的只设置几个工位，多的可达六七十个甚至更多。在选择分配每个工位工作量的时候应留有适当的余地，目的是既保证一定的劳动生产率，又保证产品质量。每个工位装插的元器件数为 10 ～ 15 个，元器件数过少势必增加工位，即增加操作人员，元器件过多又容易发生漏插、错插等事故，降低产品质量。图 4-2、图 4-3 所示为某电子装配厂的生产流水线。

图 4-2　某电子装配厂生产流水线一

图 4-3　某电子装配厂生产流水线二

2. 认识线路板切脚机

线路板切脚机主要用于切除元器件的多余引脚，图 4-4、图 4-5 所示分别为全自动切脚机和半自动切脚机。

图 4-4　全自动线路板切脚机

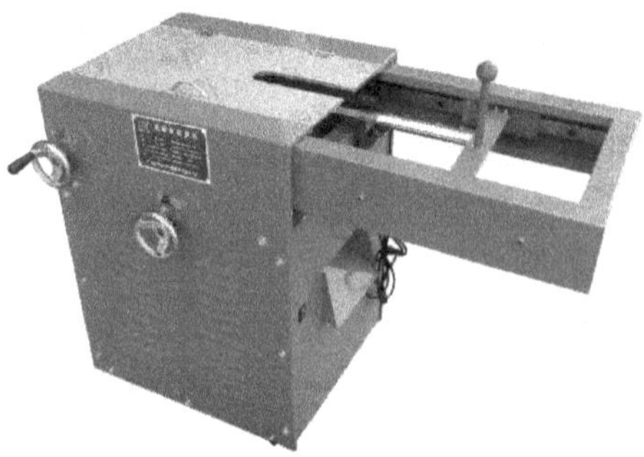

图 4-5　半自动线路板切脚机

3. 认识波峰焊机

波峰焊是指将熔化的软钎焊料（铅锡合金），经电动泵或电磁泵喷流成设计要求的焊料波峰，亦可通过向焊料池注入氮气来形成，使预先装有元器件的印制板通过焊料波峰，实现元器件焊端或引脚与印制板焊盘之间机械和电气连接的软钎焊。图 4-6 所示为某品牌的波峰焊机。

波峰焊接示意图如图 4-7 所示，电路板进入波峰焊机后，需要焊接的地方被涂敷上助焊剂，然后电路板和元器件引脚被加热，进入波峰面（融化的焊料区），电路板浸在焊料中，即被焊料所桥联，离开波峰尾端的瞬间，少量的焊料由于浸润力的作用，粘附在焊盘上，由于表面张力的原因，粘附在电路板上的焊料会以元器件引脚为中心收缩至最小状态，形成饱满、圆润的焊点。离开波峰后，多余焊料由于重力的原因，回落到锡锅中。

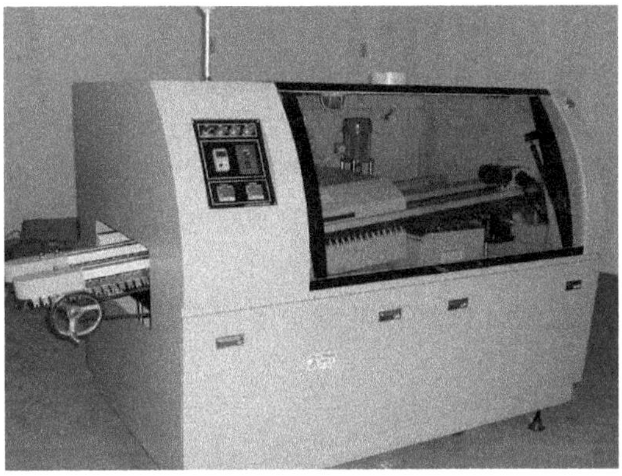

图 4-6　波峰焊机

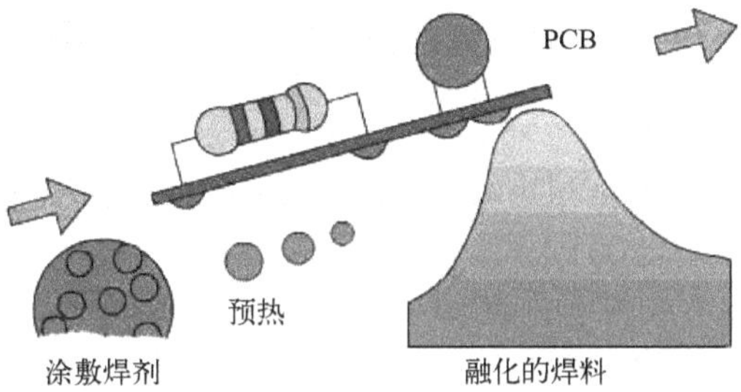

图 4-7　波峰焊接示意图

任务拓展

通过网络和其他书籍查阅回流焊机、贴片机、自动插件机等相关设备的功能。

补充阅读

波峰焊机操作程序

1. 开机程序

（1）合上主开关盒内的空气开关，接通主电源。

（2）将锡炉电源开关置于“ON”位置，锡炉开始加热（在连续生产的情况下，应使用自动定时开机功能，使锡炉提前加热）。

（3）开启“预热”开关（指示灯亮）。

（4）开启照明开关（灯亮）。

（5）当锡炉温度显示达到250℃ ±5℃时，开启锡炉电动机开关。

（6）开启主机运转开关，链条开始运转。

（7）开启助焊剂开关（指示灯亮）。

（8）开启清洗剂开关（指示灯亮）。

（9）开启冷气电风扇开关（指示灯亮）。

（10）开启排风系统抽风机开关，使其向车间外面排风。

2. 停机程序

（1）生产结束时，应按前面开机程序中（2）～（10）的顺序关闭各个开关，最后关闭主电源。

（2）当使用定时开机功能时，下班时应检查和校准定时时间，若发现不准确时应将它调整准确。

（3）若长时间不使用本设备，应将主控开关柜内的空气开关断开，以确保设备安全。

3. 注意事项

（1）生产部门应选择专门人员，经过培训、考核合格后，持证上岗操作，其他人员一律不得代替操作。

（2）操作人员发现异常现象或故障时应立即停机，并报告线长及时处理解决。

（3）操作人员应按规定按时、认真、准确地填写《锡炉操作检测日报表》及《锡炉例行检查日报表》。

（4）设备管理和维修人员应按《生产设备管理程序》的有关规定对设备进行日常维护，按《波峰焊机检定规程》的规定进行定期检定，确保设备一直保持良好的工作状态。

（5）波峰焊机焊接10万张电路板后应进行焊料的化学分析，若有害成分超标时，应更换焊锡。

（6）使用操作人员应严格执行本设备安全操作规程，做好日常维护工作，保持设备的清洁、安全及完好。

学习评价

本任务的学习小结和评价见表4-1。

表4-1　任务小结与评价表

学习任务		班级		姓名	
评价项目	评　价　内　容	自我评价	小组评价	教师评价	总评
学习态度	★学习目标明确，充分把握学习时间； ★任务按时按质按量完成； ★对待学习有很浓的兴趣和热情，旺盛的求知欲； ★有克服困难的勇气和毅力； ★积极主动地反思学习过程，优化学习方法； ★勤奋刻苦，不断进步，有进取心				
合作意识	★主动配合教师、同学，互相促进； ★积极参与讨论与探究，愿意帮助同学； ★积极主动承担任务				
探究意识	★能通过个人思考或与同学的讨论进行探究活动； ★善于观察、猜想，发现问题，提出问题； ★思维活跃、有创造性，善于接受并提出合理建议； ★积极参与完成研究性学习； ★积极探索、坚持真理的态度				
实践能力	★在解决问题过程中能做到耐心、细心和理性； ★有良好的逻辑推理能力和抽象思维能力				
创新意识	★有好奇、质疑、批判的意识和求实、求证的实践； ★有良好的形象思维和空间想象能力				
拓展情况	★能按时按质按量完成拓展任务； ★能应用所学知识，解决实际问题				

任务二

8 路竞赛抢答器电路的装配

任务描述

学校、工厂和电视台等单位经常举办各种知识和智力竞赛，抢答器是竞赛的必要设备。本次任务就是手工组装八路竞赛抢答器电路。8 路竞赛抢答器电路装配说明书如图 4-8、图 4-9 所示。

8 路竞赛抢答电路套件装配说明书

一、功能说明

抢答器可以根据抢答情况，显示优先抢答者的号数，同时蜂鸣器发声，表示抢答成功。

二、电路原理

电路包括抢答，编码，优先，锁存，数显及复位电路。SB1 - SB8 为抢答键，SB9 为复位键，CD4511 是一块含 BCD -7 段锁存/译码/驱动电路于一体的集成电路，其中 1、2、6、7 为 BCD 码输入端，9～15 脚为显示输出端。3 脚（LT）为测试输出端。当“LT”为 0 时，输出全为 1，4 脚（BI）为消隐端，BI 为 0 时输出全为 0. 5 脚（LE）为锁存允许端。当 LE 由“0”变为“1”时，输出端保持 LE 为 0 时的显示状态。16 脚为电源正，8 脚为电源负。蜂鸣器为抢答器迅响电路。数码管接 0. 5 英寸共阴数码管。

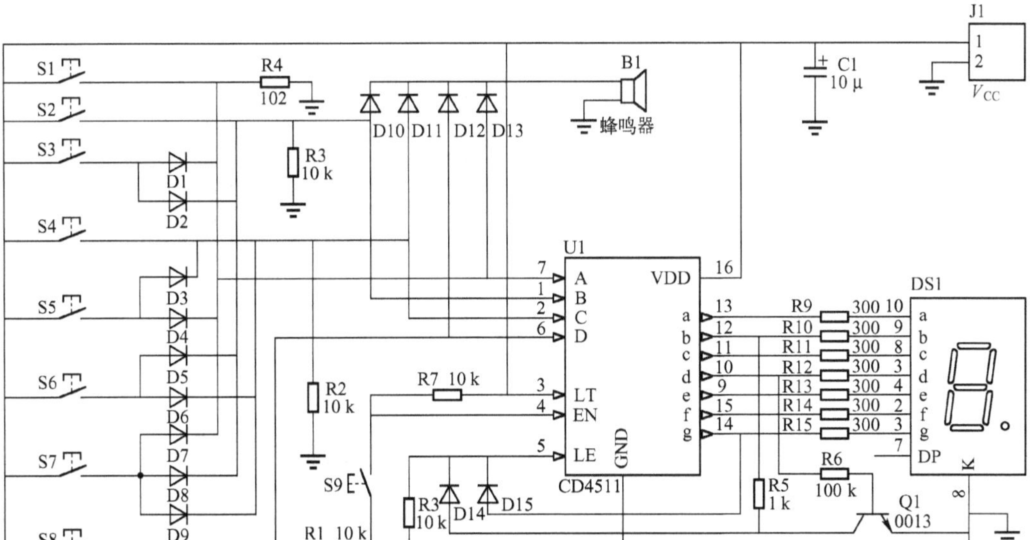

图 4-8　8 路竞赛抢答电路装配说明书 1

三、元件清单和 PCB 板

序号	元件名称	规格	数量
1	电阻	1/4 W 300 Ω	7
2		1/4 W 10 kΩ	6
3		1/4 W 100 kΩ	1
4		1/4 W 2.2 kΩ	1
5	二极管	1N4148	15
6	三极管	9013	1
7	接插件	3.96–2P座	1
8	电解电容	10 μF	1
9	蜂鸣器	5 V	1
10	数码管	0.56英寸共阴	1
11	按键	6×6×4.5	9
12	集成块座	16PIC	1
13	集成块	CD4511	1

四、特殊部件介绍

1. 七段共阴数码管

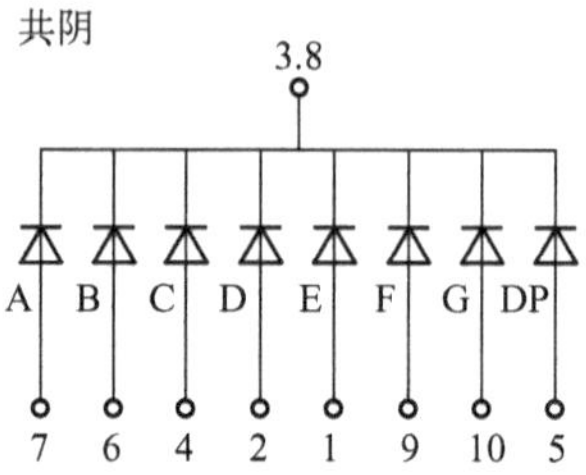

引脚定义：正看数码管，顶视，下排脚，从左到右 1 ～ 5 脚为：E、D、O、C、DP。上排从左到右 10 ～ 6 脚为：G、F、O、A、B。

2. CD4511

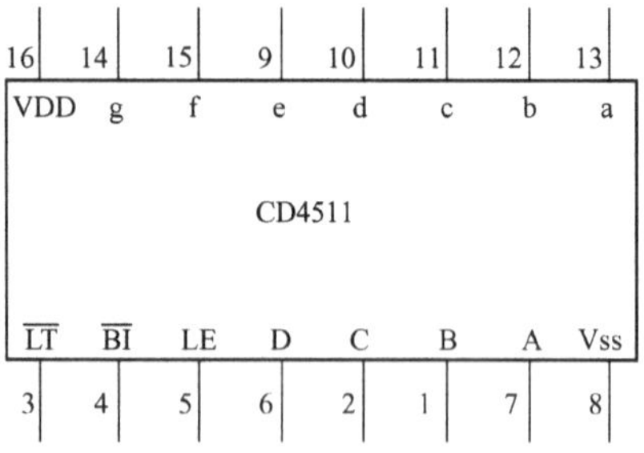

INPUT				OUTPUT	
LE	$\overline{BI}$	$\overline{LT}$	D C B A	a b c d e f g	DISPLAY
×	×	0	× × × ×	1 1 1 1 1 1 1	8
×	0	1	× × × ×	0 0 0 0 0 0 0	Blank
0	1	1	0 0 0 0	1 1 1 1 1 1 0	0
0	1	1	0 0 0 1	0 1 1 0 0 0 0	1
0	1	1	0 0 1 0	1 1 0 1 1 0 1	2
0	1	1	0 0 1 1	1 1 1 1 0 0 1	3
0	1	1	0 1 0 0	0 1 1 0 0 1 1	4
0	1	1	0 1 0 1	1 0 1 1 0 1 1	5
0	1	1	0 1 1 0	0 0 1 1 1 1 1	6
0	1	1	0 1 1 1	1 1 1 0 0 0 0	7
0	1	1	1 0 0 0	1 1 1 1 1 1 1	8
0	1	1	1 0 0 1	1 1 1 0 0 1 1	9
0	1	1	1 0 1 0	0 0 0 0 0 0 0	Blank
0	1	1	1 0 1 1	0 0 0 0 0 0 0	Blank
0	1	1	1 1 0 0	0 0 0 0 0 0 0	Blank
0	1	1	1 1 0 1	0 0 0 0 0 0 0	Blank
0	1	1	1 1 1 0	0 0 0 0 0 0 0	Blank
0	1	1	1 1 1 1	0 0 0 0 0 0 0	Blank
1	1	1	× × × ×	*	*

图 4–9　8 路竞赛抢答电路装配说明书 2

五、安装与调试

安装时先装低的元件，再装高的元件，注意有极性元件的安装，PCB 上 J1 ～ J5 为跳线（短接线），调试时电源接 5 V。上电时，数码管显示 0，S1 ～ S8 分别为 8 路抢答键，抢答时数码管显示先按下键，并伴随蜂鸣声，此时别的键按下电路不作回应，须按复位键 S9，复位清零，重新抢答。

图 4-9　8 路竞赛抢答电路装配说明书 2（续）

知识准备

（1）电路板装配流程；
（2）色环电阻的识读与检测；
（3）电解电容的正负极判断及好坏的检测；
（4）二极管的正负极判断及好坏的检测；
（5）三极管的引脚判断及好坏的检测；
（6）蜂鸣器的引脚判断及好坏的检测；
（7）数码管的引脚判断及好坏的检测；
（8）按键的引脚判断及好坏的检测；
（9）集成电路 CD4511 引脚判断及好坏的检测；
（10）元件的整形及焊接技术的要领。

任务实施

1. 装配流程图

根据电路板组装原则，制订装配流程图如图 4-10 所示。

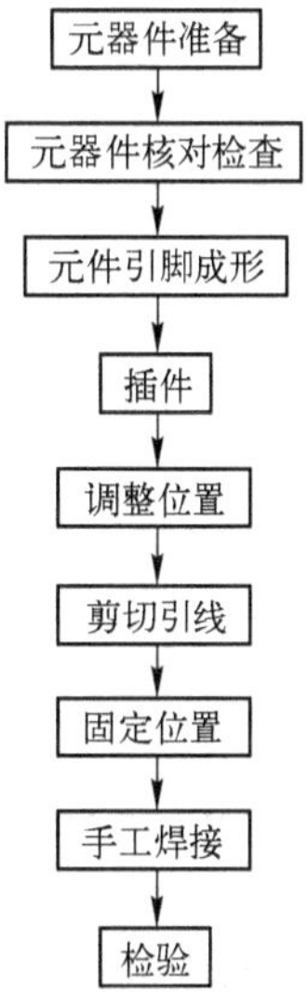

图4-10　装配流程图

2. 元器件的核对检查

根据元器件清单和电路图核对所用元器件的规格、型号和数量，并对 PCB 板的外观和线路进行检查，将结果填入表 4-2 中。

表 4-2　八路竞赛抢答器电路的元器件核对检查表

名　　称	外　　形	规　　格	位　　号	核对数量	检测情况
电阻		300 Ω 1/4 W	R9～R15		
		10 kΩ 1/4 W	R1～R4、R7、R8		
		100 kΩ 1/4 W	R6		
		2.2 kΩ 1/4W	R5		
二极管		1N4148	D1～D15		
三极管	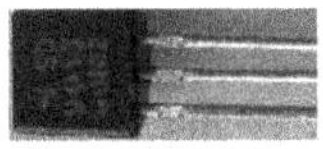	9013	Q1		
电解电容		10 μF	C1		

续表

名　称	外　形	规　格	位　号	核对数量	检测情况
蜂鸣器		5 V	B1		
数码管		0.56 英共阴	DS1		
按键		6 mm×6 mm×4.5	S1～S2		
集成块		CD4511	U1		
PCB 板	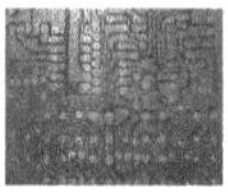				

3. 装配

根据电路板组装“先轻后重、先小后大、先低后高、先内后外”的原则，将元器件准确安装。安装过程中注意元件的位置、方向、极性不要装错，高度合适，焊点质量过关，焊接完后引脚剪好。装好的电路板如图 4-11 所示。

图 4-11　8 路竞赛抢答电路板实物图

装配好后对每个元器件的相关项目进行逐一检查，并将结果填入表 4-3 中。

表 4–3　质量标准与评价表

质量要求 序号	元件安装位置正确、极性正确	安装定位符合规范	焊点质量（按3级产品的可接受条件验收）	焊点引脚的凸出符合标准	焊点质量评价	评分	总分
R1							
R2							
R3							
R4							
R5							
R6							
R7							
R8							
R9							
R10							
R11							
R12							
R13							
R14							
R15							
S1							
S2							
S3							
S4							
S5							
S6							
S7							
S8							
S9							
D1							
D2							
D3							
D4							
D5							

续表

质量要求 / 序号	元件安装位置正确、极性正确	安装定位符合规范	焊点质量（按3级产品的可接受条件验收）	焊点引脚的凸出符合标准	焊点质量评价	评分	总分
D6							
D7							
D8							
D9							
D10							
D11							
D12							
D13							
D14							
D15							
Q1							
C1							
B1							
DS1							
S1							
S2							
U1							
J1							

任务拓展

前面我们学习并装配了用CD4511构成的8路竞赛抢答电路，如果要把这个电路板应用在实际生活中，该怎么办？我们还可以用其他芯片来实现八路竞赛抢答电路么？如果要实现十六路竞赛抢答又该怎么办？

补充阅读

1. 电子行业最广泛应用的标准《电子组件的可接受性标准》IPC－A－610D CH版中的7.1元器件的安装。

2. 电子行业最广泛应用的标准《电子组件的可接受性标准》IPC－A－610D CH版中的5.1焊接可接受性要求。

学习评价

本任务的学习小结和评价见表4-4。

表4-4　任务小结与评价表

学习任务		班级		姓名		
评价项目	评　价　内　容	自我评价	小组评价	教师评价	总评	
学习态度	★学习目标明确，充分把握学习时间； ★任务按时按质按量完成； ★对待学习有很浓的兴趣和热情，旺盛的求知欲； ★有克服困难的勇气和毅力； ★积极主动地反思学习过程，优化学习方法； ★勤奋刻苦，不断进步，有进取心					
合作意识	★主动配合教师、同学，互相促进； ★积极参与讨论与探究，愿意帮助同学； ★积极主动承担任务					
探究意识	★能通过个人思考或与同学的讨论进行探究活动； ★善于观察、猜想，发现问题，提出问题； ★思维活跃、有创造性，善于接受合理建议； ★积极参与完成研究性学习； ★积极探索、坚持真理的态度					
实践能力	★在解决问题过程中能做到耐心、细心和理性； ★有良好的逻辑推理能力和抽象思维能力					
创新意识	★有好奇、质疑、批判的意识和求实、求证的实践； ★有良好的形象思维和空间想象能力					
拓展情况	★能按时按质按量完成拓展任务； ★能应用所学知识，解决实际问题					

任务三

数字电子钟的装配

任务描述

本任务通过对LED数码显示电子钟的装配，进一步熟悉流水线各环节及其作用。数字电子钟装配说明书如图4-12～图4-14所示。

LED数码显示电子钟套件装配说明书

一、装配说明

DS-2042型数码显示电子钟电路，采用一只PMOS大规模集成电路LM8560（TMS3450NL、SC8560、CD8560）和四位LED显示屏，通过驱动显示屏便能显示时、分。振荡部分采用石英晶体作时基信号源，从而保证了走时的精度。本电路还供有定时报警功能，它定时调整方便，电路稳定可靠，能耗低，集成电路采用插座插装，制作成功率高，非常适合广大电子爱好者装配使用。本电路还可扩展成定时控制交流开关（小保姆式）等功能。

1. 工作原理

电路原理图见第三部分。LM8560（IC1）是50/60 Hz的时基24小时专用数字钟集成电路，有28只引脚，1～14脚是显示笔画输出，15脚为正电源端，20脚为负电源端，27脚是内部振荡器RC输入端，16脚为报警输出。

T1为降压变压器，经桥式整流（VD6～VD9）及滤波（C3、C4）后得到直流电，供主电路和显示屏工作，当交流电源停电时，备用电池通过VD5向电路供电。

IC2（CD4060）、JT、R2、C2构成60Hz的时基电路，CD4060内部包含14位二分频器和一个振荡器，电路简洁，30 720 Hz的信号经分频后，得到60 Hz的信号关到LM8560的25脚，经VT2、VT3驱动显示屏内的各段笔画分两组轮流点亮。

当调好定时间后，并按下开关K1（白色钮），显示屏右下方有绿点指示，到定时时间有驱动信号经R3使VT1工作，即可定时报警输出。

在面板上从左到右，存在五个微动开关，分别是S4、S3、K1、S2、S1，S1调小时，S2调分钟，S3调时钟，S4调定时，K1定时报警开关（退闹铃开关）。

调时钟时，须按下S3的同时按动S1，即可调小时数；按下S3的同时按动S2可调事实上的时闹铃数。

调定时报警时，需按下S4的同时按动S1可调闹铃的小时数；按下S4的同时按动S2可调事实上时闹铃数。

2. 安装工艺要求

在动手焊接前请用万用表将各元件测量一下，安装时请先装低矮和耐热的元件（如电阻器），然后再装大一点的元件，最后装怕热的元件（如三极管、集成电路等）电阻器的安装；请将电阻器的阻值（参照本说明书的电阻值计算示意图）选择好后，根据两孔的距离可采用立式紧贴电路板安装。电解电容器、二极管、三极管安装时注意极性，电解电容器C4紧贴电路板卧式安装，C3紧贴电路板立式安装；二极管紧贴电路板立式安装；三极管安装时注意型号。轻触开关和自锁开关紧贴电路板安装。

图4-12　LED数码显示电子钟装配说明书1

将线两端去塑料皮上锡后，一端按电原理图的序号接 LCD 的显示屏，另外一端接电路板。蜂鸣器安装时注意接线，在蜂鸣器的两端分别焊接红、黑导线，导线的另一端分别接电路板的 BL + BL -。另外，电路板上还有四根跳线（JICJ4），用其他元件多余的引脚线充当。

将热缩管套在电源变压器初级线圈的导线上，然后把插头电源线与初级线圈的导线焊在一起，移动热缩管至焊接处，确保使用时的安全。

变压器安装在前盖两个高的座上，用螺钉固定，接入电路时注意分清初、次级。蜂鸣器装在前盖的共振腔座孔中，用电烙铁点一下固定。显示屏和电路板分别用四颗自攻螺钉固定，电路板与显示屏之间的排线折成 S 形，防止排线在焊接处折断。电源线卡好后引出壳外，电池弹簧依照序安好。前盖和后盖对好后扣好，再用自攻螺钉固定即可。

3. 调试说明

通电前应认真对照电路原理图、线路板，检查有无错焊、漏焊，特别是观察电路板上有无短路现象发生，如有故障要一一排除，只要焊接正确，通电后即可正常工作；时间显示并闪动，调整后就不闪动了。

二、元件清单

序号	名称	名称规格	用量	位号	序号	名称	名称规格	用量	位号
1	集成电路	LM8560（3450）	1 块	IC1	18	电解电容	220 μF	1 支	C3
2	集成电路	CD4060	1 块	IC2	19	电解电容	1 000 μF	1 支	C4
3	二极管	IN4001	9 支	D1～D9	20	轻触开关	6×6×17	4 个	S1～4
4	三极管	9013	2 支	VT3、VT4	21	自锁开关	7×7	1 个	K1
5	三极管	9012	1 支	VT2	22	按键帽		1 个	
6	三极管	8050	1 支	VT1	23	集成插座	28 脚	1 个	
7	显示屏	FTTL-655 G	1 块	LED	24	集成插座	16 脚	1 个	
8	晶振	30. 720 kHz	1 支	JT	25	偏插头	1. 2 m	1 根	
9	蜂鸣器	ϕ12×9	1 个	BL	26	排线	8cm×18 芯	1 组	
10	电源变压器	220 V/9 V/2 W	1 个		27	导线	1. 0×60 mm	4 根	
11	电阻	1 kΩ	1 支	R7	28	电池极片		1 套	
12	电阻	6. 8 kΩ	3 支	R4、5、6	29	前后壳电池盖	前后壳电池盖	3 件	
13	电阻	10 kΩ	1 支	R3	30	螺钉	PA3×6 mm	5 粒	
14	电阻	120 kΩ	1 支	R1	31	螺钉	PA3×8 mm	1 粒	
15	电阻	1 MΩ	1 支	R2	32	热缩管	ϕ3×20 mm	2 根	
16	瓷片电容	20 Ω	1 支	C2	33	说明书	说明书	1 份	
17	瓷片电容	103 Ω	1 支	C1	34	线路板		1 块	

图 4-13　LED 数码显示电子钟装配说明书 2

三、电路原理图

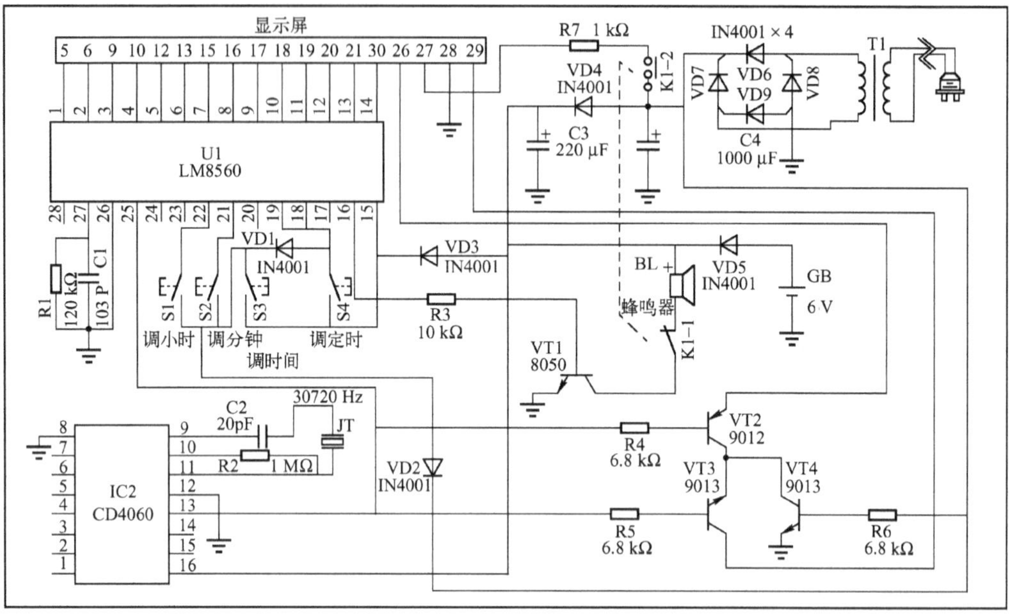

四、印制板电路图

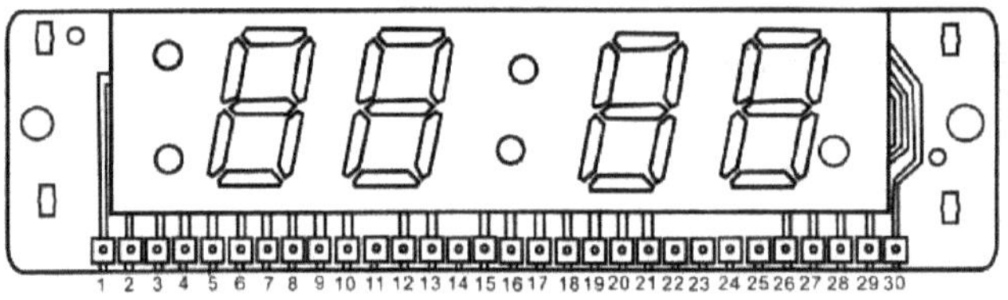

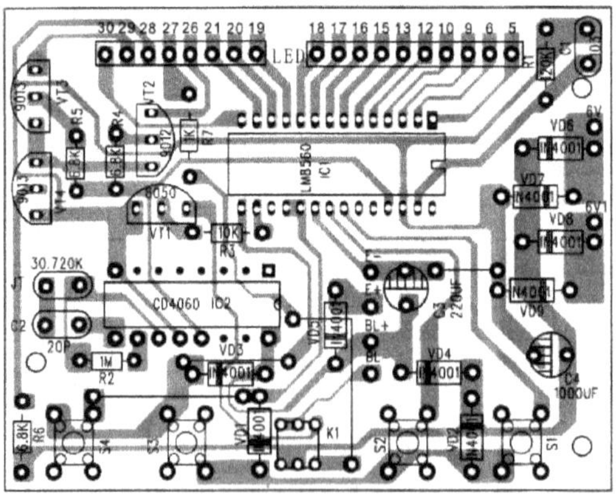

五、其他

1. 电解电容器实物示意图

2. 瓷片电容器计算示意图

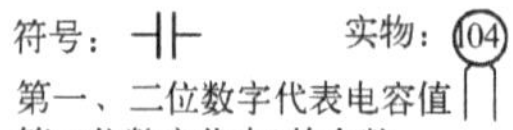

第一、二位数字代表电容值

第二位数字代表0的个数

104代表100000 pF=0.1 μF

3. 三极管脚示意图

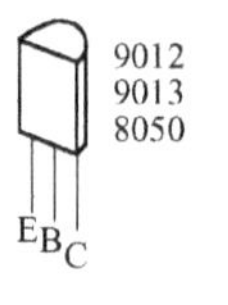

4. 电阻值计算计意图

棕	红	橙	黄	绿	蓝	紫	灰	白	黑	金	银
1	2	3	4	5	6	7	8	9	0	5%	10%

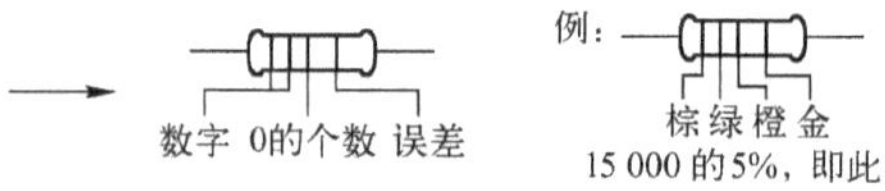

15 000 的5%，即此电阻值为15 kΩ

图 4-14　LED 数码显示电子钟装配说明书 3

知识准备

（1）整机装配流程图的编制；
（2）岗位作业指导书的编制；
（3）流水线的操作；
（4）波峰焊机的操作方法。

任务实施

1. 编制整机装配流程图

根据数码显示电子钟装配说明书的要求，结合该工厂的实际生产情况，编制了图 4-15 所示的装配流程图。在装配流程中共设置了 13 个工位，其中 6 个工位负责插件，1 个工位负责波峰焊接，3 个工位负责各种连线焊接，3 个工位负责外设安装。

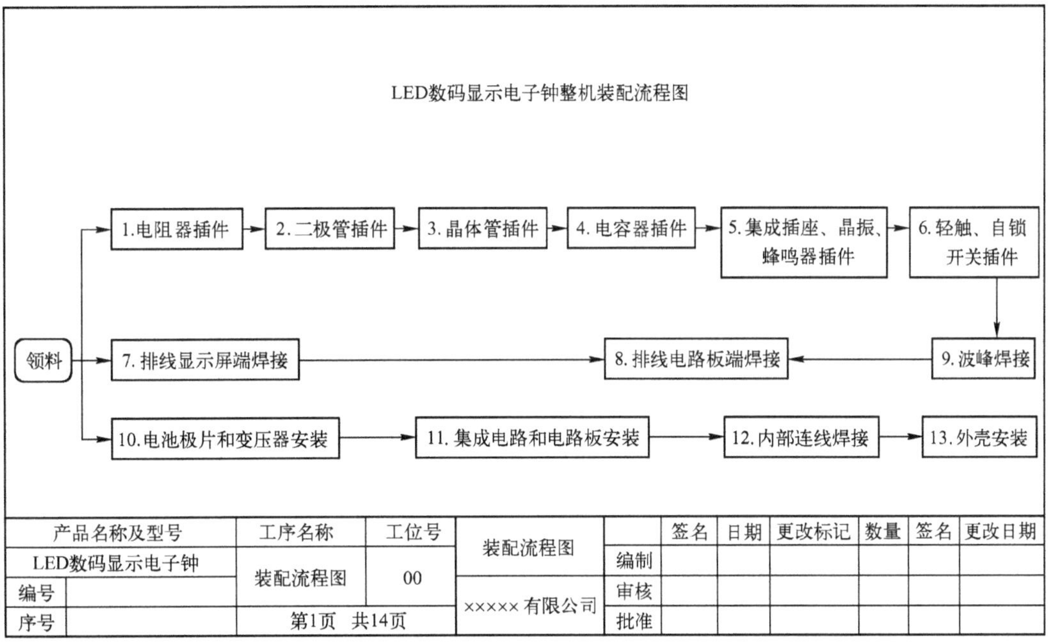

产品名称及型号		工序名称	工位号	装配流程图		签名	日期	更改标记	数量	签名	更改日期
LED数码显示电子钟		装配流程图	00		编制						
编号				×××××有限公司	审核						
序号		第1页　共14页			批准						

图 4-15　LED 数码显示电子钟装配流程图

2. 编制岗位作业指导书

根据前面的装配流程图，结合工厂实际情况，编制了各工位的岗位作业指导书，其中，工位 1 的作业指导书如图 4-16 所示。请同学们参照此图编制出其他岗位的作业指导书。

3. 各岗位按作业指导书进行生产

从前面的装配流程图可以看出，插件、排线的显示屏端焊接和电池极片、变压器安装同时进行，插件为一条流水线，插件完成后进行波峰焊接（包括焊接和剪切元件引脚），完成后将显示屏排线手工焊接在电路板上，然后将集成电路安装在焊接好的电路板上，再把电路板安装在装好电池极片和变压器的外壳中，再进行内部连线，最后装好外壳，至此整个装配过程完成。

一、工位内容：电阻插件

二、操作步骤

1.将120 kΩ的电阻装在R1位置；

2.将1 MΩ的电阻装在R2位置；

3.将10 kΩ的电阻装在R3位置；

4.将3个6.8 kΩ的电阻分别装在R4、R5、R6位置；

4.将1 kΩ的电阻装在R7位置。

三、工艺要求

1.参照IPC中元器件定位与安装的可接受条件执行。

四、检验要求

目测；

自检，抽检。

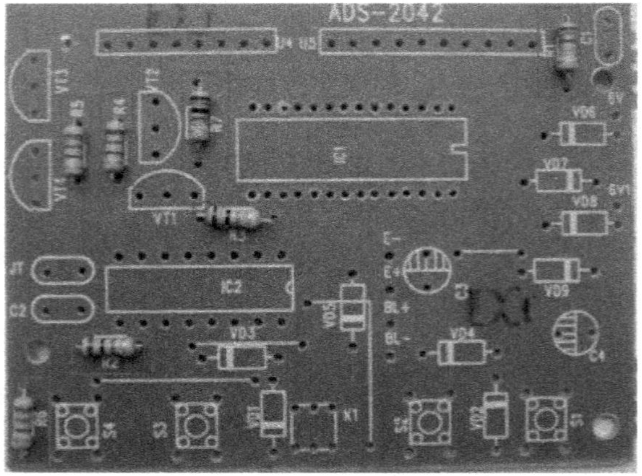

示意图

编号	名称	规格型号	数量	备注
5	R7	1 kΩ	1	
4	R4、R5、R6	6.8 kΩ	3	
3	R3	10 kΩ	1	
2	R2	1 MΩ	1	
1	R1	120 kΩ	1	

配套件及材料明细表

编号	名称	规格型号	数量	备注
1	镊子	M4	1	

设备仪器及工艺装置

产品名称及型号		工序名称	工位号	工艺流程卡
LED数码显示电子钟		电阻插件	1	×××××××有限公司
编号				
序号		第2页　共14页		

	签名	日期	更改标记	数量	签名	更改日期
编制						
审核						
批准						

图4-16　岗位1作业指导书

任务拓展

某厂生产收音机，收音机的装配说明书如图4-17～图4-19所示，请编制出装配流程图和各岗位作业指导书。

袖珍收音机实验套件

更改说明：原S66D选用的耳机插座已不适合老师和同学们的需求而被淘汰，我厂从现在开始将原来的插座改为立体声耳机插座，电源原理图未变，布线有所调整，被命名为S66E．更改后的收音机灵敏度更高，声音更洪亮，用途更广泛，适合MP3、单放机等。

一、装配说明

本教学用的散件为3 V低压全硅管六管超外差式收音机，具有安装调试方便、工作稳定、声音洪亮、耗电省等优点。它由输入回路高放混频级、一级中放、二级中放、前置低放兼检波级、低放级和功放级等部分组成，接受频率范围535～1 605 kHz的中频段。本电路的设计和元件参数的悬着都经过无线电专业工程师鉴定认可，本散件的组装过程中除可进一步学习电子技术，还可以掌握电子安装工艺，了解测量和调试技术，一举多得，在动手前请仔细阅读本说明对自己的理论和实际安装会有很大帮助。

1．元件说明

（1）中频变压器（以下简称中周）三只为一套，其接线图见印制板图。T2为振荡线圈的中周，为红色；T3为第一级中放用的中周，为白色；T4为第二级中放的中周，为黑色。这三只中周在出厂前均已调在规定的频率上，装好后只须微调甚至不调，请不要调乱。中周外壳除起屏蔽作用，还起导线的作用，所以中周外壳必须可靠接地。

（2）T5为输入变压器，线圈骨架上有凸点标记的为初级，印制板上也有圆点作为标记，其接线图在印制板上可以明显的看出，安装时不要装反（还可以配合万用表测量进行分辨）。

（3）VT5、VT6型号为9013，属于中功率三极管，请不要与VT1～VT4的高频小功率三极管混淆，因为它们的外形和引脚位的排列是类似的。VT1～VT3沿用9018，VT4选用9014，请不要装错。

（4）电原理图中所标称的元件参数为参考值，如与实际给出的元件参数有出入请自己灵活掌握。

2．安装工艺要求

在动手焊接前请用万用表将各元件测量一下，做到心中有数，安装时请先装低矮和耐热的元件（如电阻），然后再安装大一点的元件（如中周，变压器），最后装怕热的元件（如三极管）。

（1）电阻的安装

请将电阻的阻值（参照说明书的电阻值计算）选择好后根据两孔的距离弯曲电阻引脚，可采用卧式紧贴电路板安装，也可以采用立式安装，高度要求统一。

（2）瓷片电容和三极管的脚剪的长度要适中，不要剪得太短，也不要留太长，它们不要超过中周的高度。电解电容紧贴线路板立式安装焊接，太高会影响后盖的安装。

（3）磁棒线圈（采用进口的自焊线生产的，可以不用刀子刮或砂纸砂线头）的四根引线头可以直接用电烙铁配合松香焊锡丝来回摩擦几次以自动镀上锡，四个线头对应的焊在线路板的铜箔面。

（4）由于调谐用的双连拔盘安装时离电路板很近，所以在他的园周内的高出部分的元件脚在焊接前先用斜口钳剪去，以免安装或调谐时有障碍，影响拨盘调谐的元件有T2和T4的引脚及接地焊片，双连的三个引出脚，电位器的开关脚和一个引脚脚。

（5）耳机插座的安装：焊接时速度要快，以免烫伤插座的塑料部分而导致接触不良。

（6）发光管的安装：请先将发光管装在电路板上在将电路板装在机壳上，将发光管对准机壳上的发光管的孔后再来焊接发光管。

（7）喇叭安放挪位后再用电烙铁将周围的三个塑料桩子靠近喇叭边缘烫下去把喇叭压紧以免喇叭松动。

3．调试过程

测量电流，电位器开关关掉后，装上电池（用万用表的50 mA挡）表笔跨接在开关的两端（黑表笔接电池负极，红表笔接开关的另一端）若电流指示小于10 mA，则说明可以通电，将电位器开关打开（音量旋至最小即测量静态电流）用万用表分别测量D、C、B、A四个电流缺口，若测量的数字在规定（请参考原理图）的参考值左

图4-17　收音机装配说明书1

右即可用烙铁将这四个缺口依次连通，再把音量调到最大，调双连拨盘即可收到电台。在安装电路板时注意把喇叭及电池引线埋在比较隐蔽的地方，并不要影响调谐拨盘的旋转和避开螺钉桩子，电路板挪位后在安装螺钉固定，这样一台自己辛勤劳动制作的收音机就安装完毕了。若测量值不在规定电流值左右，请仔细检查三极管的极性有没有装错，中周、输入变压器是否装错位置以及虚假错焊等，哪一级电流测量不正常则说明哪一级有问题。由于篇幅所限关于工作原理中频率的调整、以及跟踪请参考有关文献。

4. 三包服务

本教学散件的质量实行三个月三包服务，若系元件质量问题，只要不剪脚、不烫锡、不损坏外观均可和我厂免费更换。

元件（材料）清单

序号	名称	型号规格	位号	数量	序号	名称	型号规格	位号	数量
1	三极管	9018	VT1、2、3	3只	18	瓷片电容	682、103	C2、C1	各1个
2	三极管	9014	VT4	1只	19	电瓷片电容	223	C4、C5、C7	3只
3	三极管	9013H	VT5VT6	2只	20	双联电容		CA	1只
4	发光管		LED	1只	21	收音机前盖			1个
5	磁棒线圈		T1	1套	22	收音机后盖			1个
6	中周	红、白、黑	T2、T3、T4	3个	23	刻度板、音窗			各1个
7	输入变压器		T5	1个	24	双联拨盘			1个
8	扬声器		BL	1个	25	电位器拨盘			1个
9	电阻器	100Ω	R6、R8、R10	3只	26	磁棒支架			1个
10	电阻器	120Ω	R7、R9	2只	27	印制电路板			1块
11	电阻器	330Ω、1.8kΩ	R11、R2	各1只	28	电原理图及装配说明			1份
12	电阻器	30kΩ、100kΩ	R4、R5	各1只	29	电池正负极片	3件		1套
13	电阻器	120kΩ、200kΩ	R3、R1	各1只	30	连接导线			4根
14	电位器	5kΩ	RP	1只	31	耳机插座		J	1个
15	电解电容	0.47μF	C6	1只	32	双联及拨盘螺钉			3粒
16	电解电容	10μF	C3	1只	33	电位器拨盘螺钉			1粒
17	电解电容	100μF	C8、C9	2只	34	自攻螺钉			1粒

图4-18　收音机装配说明书2

二、电原理图

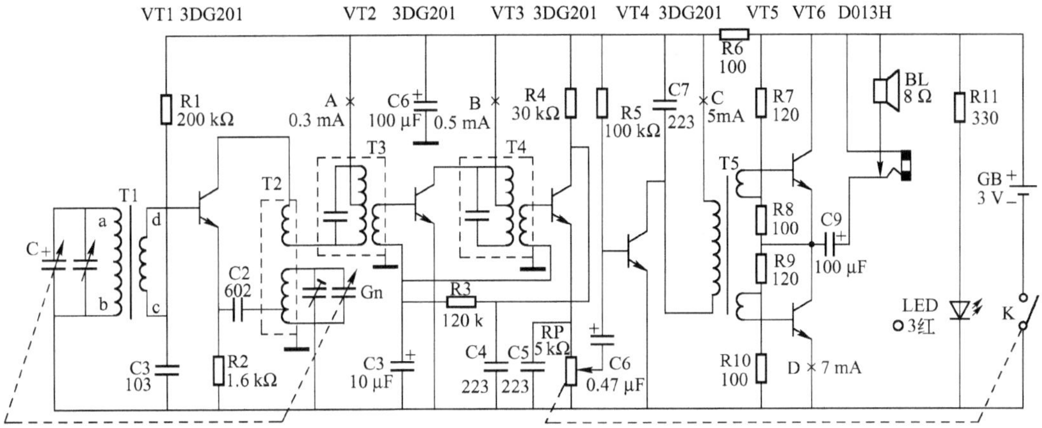

注：1.调试时请注意连接集电极回路A、B、C、D（测集电极电流用）；
2.中放增益低时，可改变R4的阻值，声音会提高。

三、印制电路板及其他

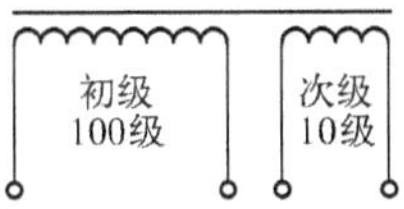

磁棒线圈线头示意图

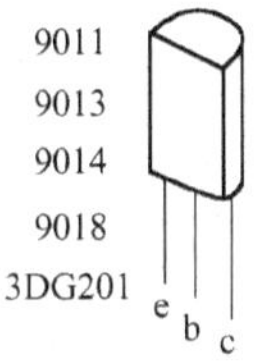

三极管脚位示意图

发光二极管弯曲示意图

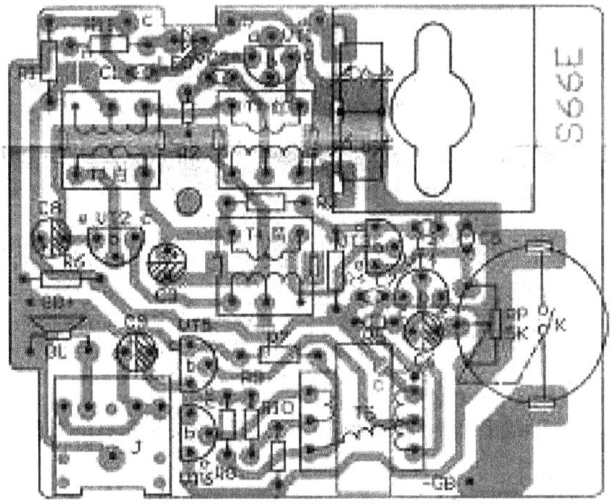

棕	红	橙	黄	绿	蓝	紫	灰	白	黑	金	银
1	2	3	4	5	6	7	8	9	0	5%	10%

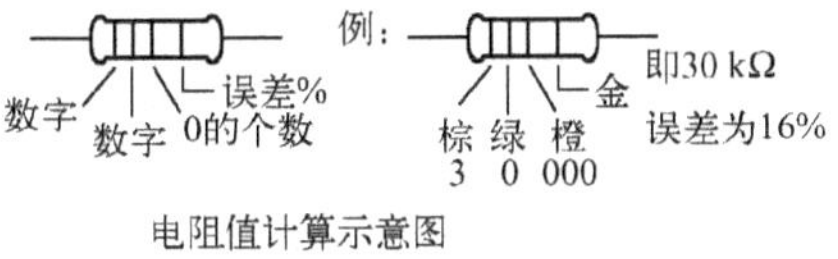

电阻值计算示意图

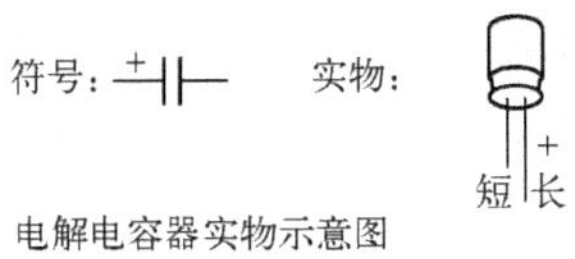

电解电容器实物示意图

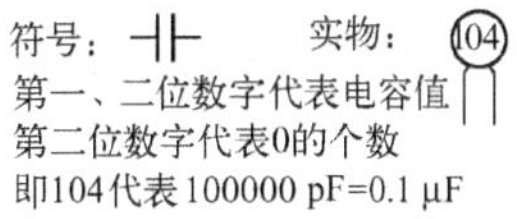

瓷片电容计算示意图

图 4-19 收音机装配说明书 3

补充阅读

通用生产工艺流程

通用生产工艺流程框图如图 4-20 所示。

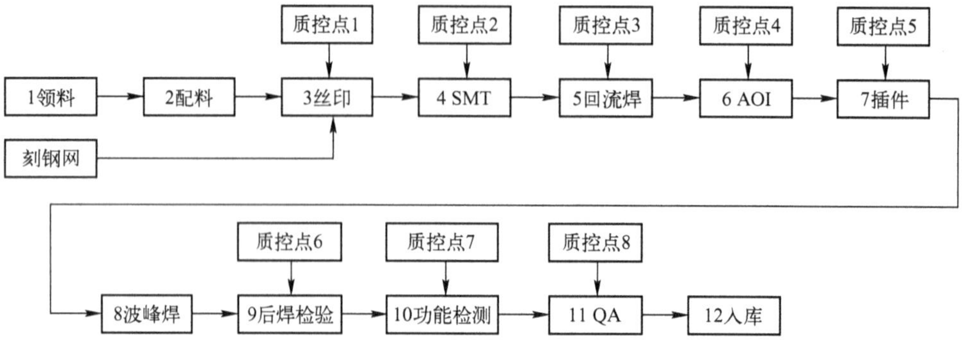

图 4-20　通用生产工艺流程框图

1. 领料

由车间物料员依据产品 BOM（料表）从仓库领取合格的相应物料，交给 SMT（表面贴装技术）人员配料，物料交接各环节须有书面凭据，并有相关人员签字和监管。记录表格有领料单和物料交接登记簿。

2. 配料

由 SMT 相关人员依据 SMT 工艺要求，分站位给 SMT 设备配备物料，方便 SMT 设备使用。

3. 丝印

首先依据对应 PCB 板或 PCB 制板文件提前制作钢网，为丝印机印刷锡膏做准备。制作钢网时，SMT 工程技术人员要结合以前的经验或教训，对钢网制作提出具体要求，并对制作回来的钢网进行符合性确认。然后给丝印机安装钢网，添加锡膏，给 PCB 丝印锡膏，为下一道工序——贴装元器件作准备。

4. SMT

将无引脚或短引线表面组装元器件安装在印制电路板的表面或其他基板的表面上。

5. 回流焊

将焊膏融化，使表面组装元器件与 PCB 牢固焊接在一起。

6. AOI（自动光学检测）

回流焊后检查提供高度的安全性，因为它识别由锡膏印刷、元件贴装和回流过程引起的错误。

7. 插件

因生产需要，需在插装前对某些元器件进行预处理，然后再投入使用。车间作业员根据相关作业要求，领取所需型号元器件，并把元件正确插装到指定位置，且不对其他元器件造成损坏。

8. 波峰焊

由波峰焊技术人员对上一道工序流入的产品进行波峰焊接。

9. 后焊检验

车间人员首先通过外观检验，检查产品元器件型号、焊接质量、引脚长度，借助电烙铁等工具对不符合要求和地方进行修正，保证元器件安装准确性和焊接可靠性，并且外表美观。

10. 功能检验

依据不同产品和相应标准，由专业人员对产品逐一进行功能或性能检测，保证生产出来的产品满足产品自身及客户要求。

11. QA（品质保证）

由品管专职人员依据标准抽取样品，负责对产品外观、功能、性能进行全部或者部分检验，加强产品品质监管。

学习评价

本任务的学习小结和评价见表4-5。

表4-5　任务小结与评价表

学习任务		班级		姓名		
评价项目	评　价　内　容	自我评价	小组评价	教师评价	总评	
学习态度	★ 学习目标明确，充分把握学习时间； ★ 任务按时按质按量完成； ★ 对待学习有很浓的兴趣和热情，旺盛的求知欲； ★ 有克服困难的勇气和毅力； ★ 积极主动地反思学习过程，优化学习方法； ★ 勤奋刻苦，不断进步，有进取心					
合作意识	★ 主动配合教师、同学，互相促进； ★ 积极参与讨论与探究，愿意帮助同学； ★ 积极主动承担任务					
探究意识	★ 能通过个人思考或与同学的讨论进行探究活动； ★ 善于观察、猜想，发现问题，提出问题； ★ 思维活跃、有创造性，善于接受合理建议； ★ 积极参与完成研究性学习； ★ 积极探索、坚持真理的态度					
实践能力	★ 在解决问题过程中能做到耐心、细心和理性； ★ 有良好的逻辑推理能力和抽象思维能力					
创新意识	★ 有好奇、质疑、批判的意识和求实、求证的实践； ★ 有良好的形象思维和空间想象能力					
拓展情况	★ 能按时按质按量完成拓展任务； ★ 能应用所学知识，解决实际问题					

项目五

电子产品的调试工艺

【知识目标】

- 认识电子产品调试所需的仪器设备；
- 知道电子产品的调试程序及调试方法；
- 知道功率放大器的工作原理及调试方法；
- 知道电子产品的环境试验和加电老化试验。

【技能目标】

- 能够正确使用电子产品调试的仪器设备；
- 能够按照调试方法对电子产品进行调试；
- 能够对功率放大器进行性能参数调试；
- 能够对电子产品进行环境测试和加电老化测试。

【情景导入】

1984 年 4 月，海尔集团创始人张瑞敏收到一封用户投诉信，投诉海尔冰箱的质量问题，经过检查发现 400 多台冰箱有 76 台不合格，进一步调查发现，造成这些冰箱不合格的原因是技术人员没有严格按照冰箱的工作参数和性能进行调试。于是海尔集团将这些不合格的冰箱展示在两个大展室，员工们参观完后，张瑞敏把冰箱生产调试人员和中层领导留下，当场拿了一把大铁锤，转眼间，把 76 台不合格的冰箱全部销毁。通过砸冰箱事件，砸醒了海尔员工的质量意识，让海尔集团树立了一种质量理念："有缺陷的产品就是废品"，在 1988 年 12 月，海尔集团就获得了中国电冰箱市场的第一枚国内金牌，做到了全国第一。

以上这个真实的案例告诉我们，电子产品调试环节的重要性，它决定了产品的销售，以及企业的生命力。电子产品调试环节主要包括调整和测试，调整主要对电路参数进行调整，测试是对电子产品的技术指标和功能进行测量、试验，通过调试使电路达到规定的性能要求。在调试过程中，通常借助示波器、毫伏表、信号发生器、频率计、万用表等设备直观快捷的调试电子产品。

任务一 常用电子产品调试设备的使用

任务描述

在炎热的夏天里，电风扇使用非常频繁，人们会去电器商场购买经济适用的电风扇来防暑降温。因此，本任务以对红外调速风扇控制电路的参数测试为例来认识常用的调试设备，学会使用调试设备对电路进行调试，同时熟悉红外调速风扇电路的工作过程。

知识准备

1. 电子测量基本知识

对电路性能的测试，通常是利用一些测试参数来反映电路的工作性能指标，如电流、电压、电阻、周期、频率、放大倍数、幅度等。

2. 常用的测试仪器设备

在电子产品调试过程中，需要使用一些常用仪器设备来进行性能参数测试，包括示波器、毫伏表、信号发生器、万用表、频率计等，见表5-1。

表5-1　常用的测试仪器设备

设备名称	实物图	功能简介
示波器	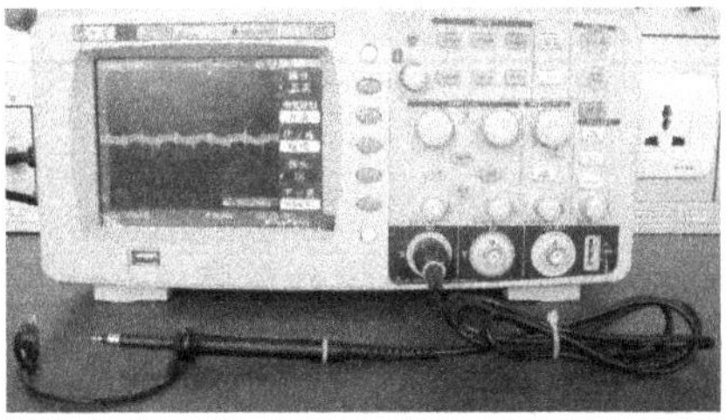	示波器主要用来观测被测信号的波形，通过测量的波形可以直接读出信号的电压、频率、周期等参数，它是一种使用广泛的电子测量仪器
毫伏表	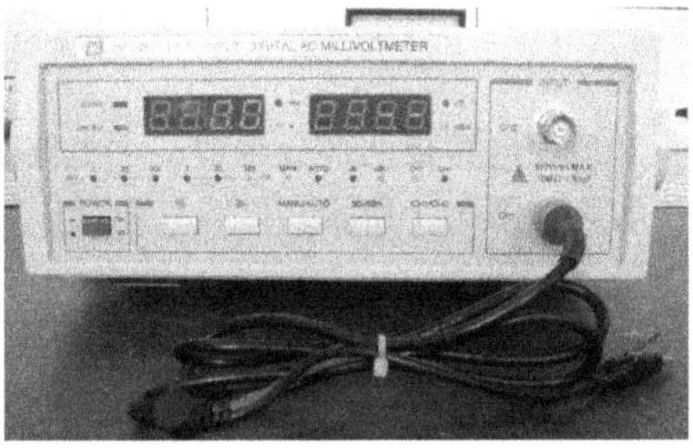	毫伏表是测量交流信号电压有效值的专用仪器，具有频率宽，灵敏度高等优点

续表

设备名称	实物图	功能简介
信号发生器	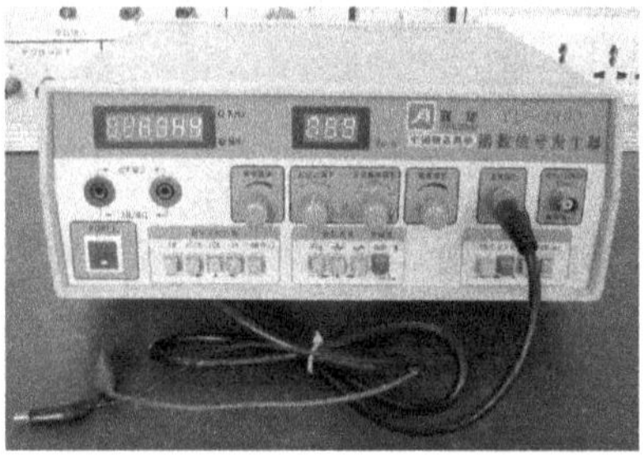	信号发生器又称为信号源，它是一种多波形信号源，能够输出正弦波、方波、三角波、锯齿波等多种信号。在生产、测试、设备维修和实验中被广泛使用
数字万用表	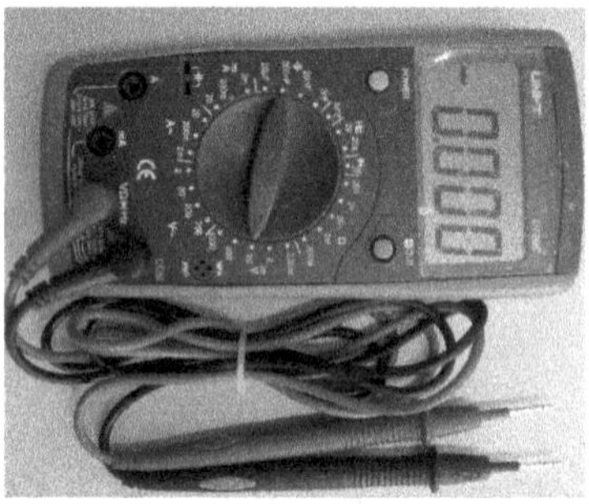	数字万用表是一种可以测量电压、电流、电阻、晶体管放大倍数的多量程、多功能测量仪表。
频率计	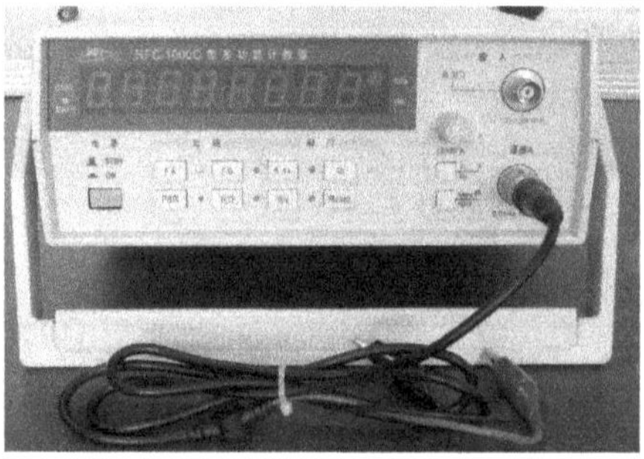	频率计是一种可以多量程测量交流信号频率或周期的一种测量仪器。

任务实施

1. 仪器放置遵循的原则

（1）仪器设备布置便于观测和操作；

（2）仪器放置平稳，体积小、重量轻的放在最上面；

（3）仪器布置接线应最短。

2. 红外调速风扇电路板

红外调速风扇电路板由主电路板和遥控电路板两部分组成，主电路板安装在风扇机体上，遥控电路板安装在遥控器上。电路板实物如图 5-1 所示。

3. 工作原理简介

（1）红外遥控电路板由红外发射编码集成电路 PT2262、地址选择拨码开关 S1、发射信号驱动三极管 VT1、开关机按键 S3、风速设置按键 S2 等元件组成。电路工作原理：接上 +9 V 电池，按下相应的功能按键时，通过红外编码集成电路 PT2262 产生编码信号，调节 RP1 使载波

（a）主电路板　　　　　　　　（b）红外遥控电路板

图 5-1　红外调速风扇电路板实物

频率为 76 ～ 80 kHz，通过 S1 可以设置编码信号的地址，编码后的输出信号通过驱动三极管 VT1 对编码信号进行放大，驱动红外发射管 LED1 将红外编码信号发射出去。如果对着接收头 IC5 按下 S3 键，能设置风扇挡速 1 ～ 3，按 S2 键可以控制控制板的开/关机。其红外遥控板电路如图 5-2 所示。

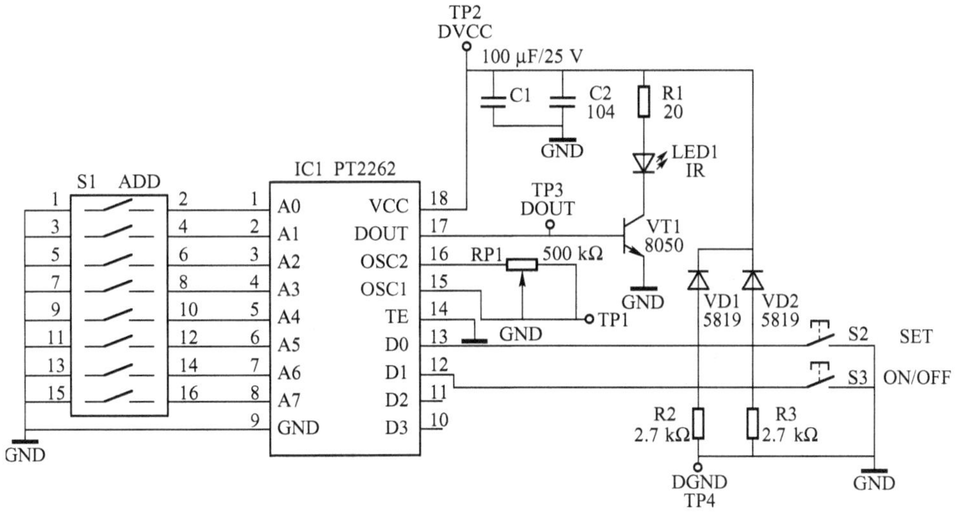

图 5-2　红外遥控电路

（2）红外调速风扇主电路板主要由电源电路、红外线接收与解码电路、开关机电路、风速控制电路、风速显示电路组成。

① 电源电路。如图 5-3（a）所示，由 LM7805 为核心组成，输入接直流电压 12 V，由 C3、C4 滤波后，经过三端集成稳压器 LM7805 稳压输出 +5V 的电压，由 C5、C6 再次滤波后给红外调速风扇主电路提供工作电压。LED2 是 +12 V 直流电压的指示灯，R4 是 LED2 的限流电阻；LED3 是 +5 V 直流电压的指示灯，R5 是 LED3 的限流电阻。

② 红外线接收与解码电路。如图 5-3（b）所示，红外一体化接收头 IC5 接收到红外线编码信号并滤除高频载波，由三极管 VT3 进行放大后送入 PT2272 的信号输入端，由 PT2272 对红外编码信号进行解码，输出对应的控制信号 D0、D1。S4 可以设置 PT2272 的地址选择信号，必须和红外发射电路 PT2262 的地址选择信号一致。

③ 开关机电路。如图 5-3（c）所示，当按下遥控器的开关机按键 S3 时，由 PT2272 输出的 D1

控制信号去控制由 CD4013 组成的双稳态电路，每按下按键 S3 一次，PT2272 输出的 D1 控制信号就改变一次，同时 CD4013 的 13 脚输出电平状态改变一次（如果 13 脚输出高电平，红外调速风扇主电路板处于关机状态；如果 13 脚输出低电平，红外调速风扇主电路板就处于开机状态）。

④ 风速控制电路。电路如图 5-3（d）所示，按下遥控板的风速调节按键 S2 时，CD4017 接收到由 PT2272 输出的控制信号 D0，由 CD4017 的 Q0 ～ Q2 输出控制信号送到电子开关 CD4066 的输入端，每按一次按键 S2，CD4017 的 Q0 ～ Q2 就依次输出为 1，相应的电子开关就接通，对应的电阻就改变多谐振荡器的振荡频率，从而改变 NE555 的 3 脚输出波形占空比，实现风速的改变。例如 Q0 ～ Q2 输出为 001，电子开关 IC6C 就接通，IC6A、IC6B 断开，由 R17、R18、C10 决定多谐振荡器的频率，NE555 的 3 脚输出波形占空比就变大，风速就变快。

⑤ 风速显示电路。电路如图 5-3（e）所示，按下遥控板的风速设置按键 S2 时，CD4017 接收到由 PT2272 输出的 D0 控制信号，由 CD4017 的 Q0、Q1 输出控制信号送到 8421 译码器 CD4511 的输入端 A、B，由 CD4511 译码后驱动数码管 DS1 显示对应的风速挡位。

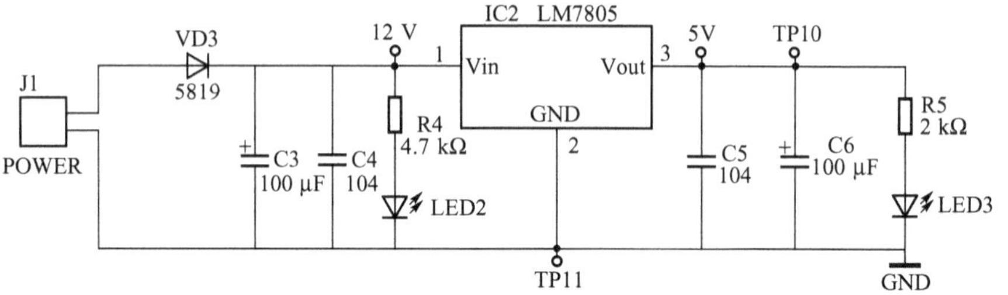

（a）电源电路

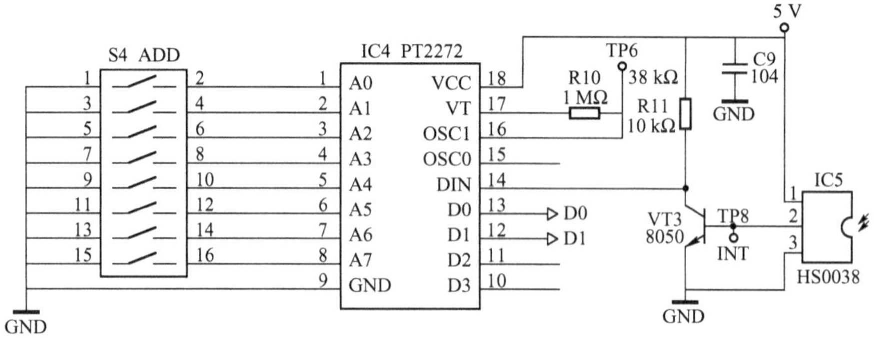

（b）红外线接收与解码电路

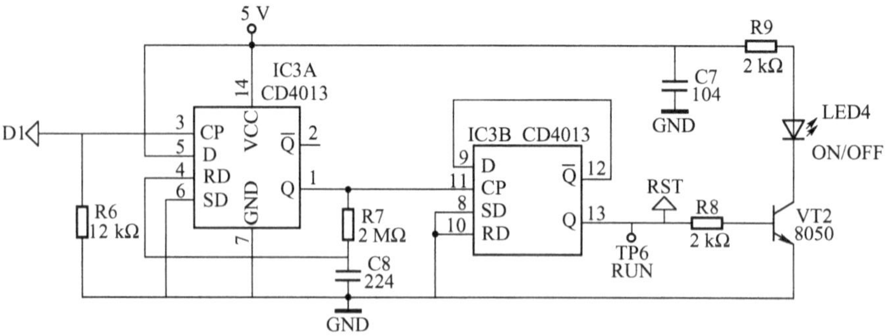

（c）风扇开关机电路

图 5-3 红外调速风扇主板电路

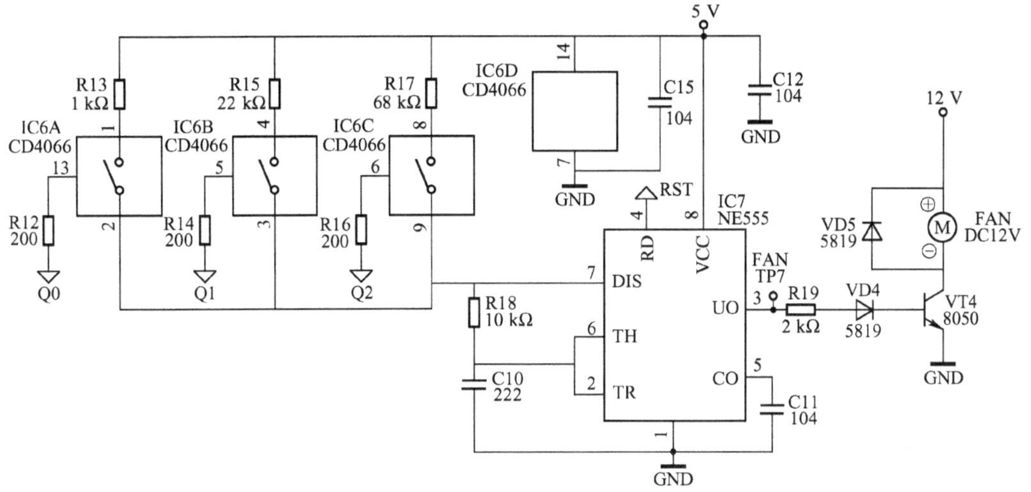

（d）风速控制电路

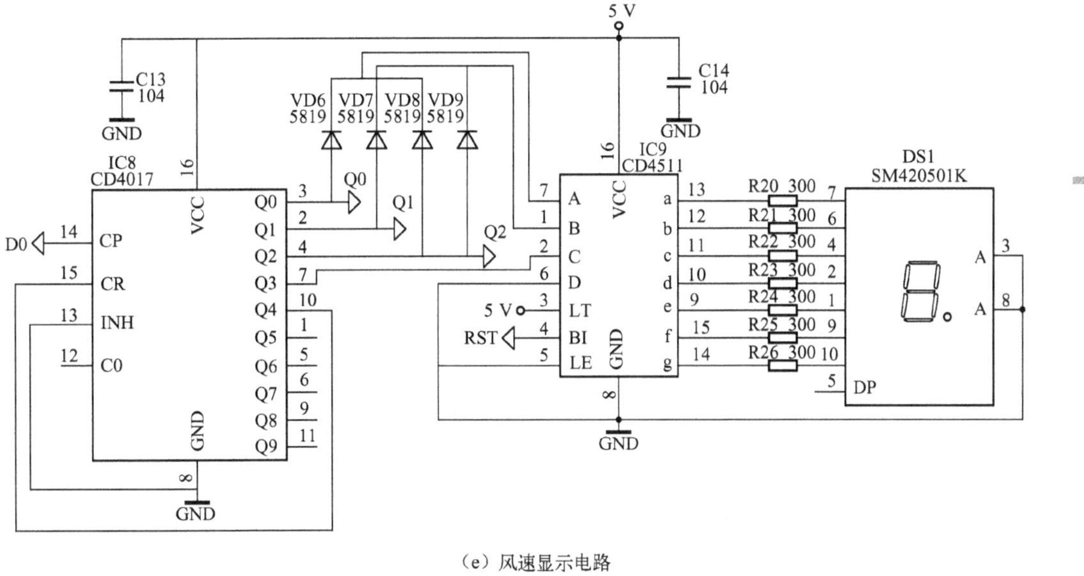

（e）风速显示电路

图 5-3　红外调速风扇主板电路（续）

4. 参数测量

红外调速风扇控制电路装配完成后，需要利用仪器设备对电路参数进行测试，从而了解电路的工作性能。

1）电源电压测试

用数字万用表测量电源输入电压接线柱 J1 两端电压，其值为__________。电压测试示意图如图 5-4 所示。

2）开/关机电路测试

按“ON/OFF”键开机，观察数码管显示为__________，万用表测量 TP5 测试点的输出电压为__________ V。再按“ON/OFF”键关机，数码管__________显示，此时 TP5 测试点的电压为__________ V。按下“ON/OFF”键开机的测试示意图如图 5-5 所示。

图 5-4　电源输入电压测试

图 5-5　按下“ON/OFF”键时 TP5 点的电压测试

3）风速控制电路测试

将风扇速度分别调到 1、2、3 挡，用示波器和毫伏表测量 NE555 的 3 脚（TP7 测试点）的输出信号。风扇处于不同风速时，该点的输出波形是有差异的，通过对三个风速挡位的测量可以了解风速控制电路是否正常工作。

① 风速为 1 挡时，测试示意图如图 5-6 所示，将测量数据记录在表 5-2 中。

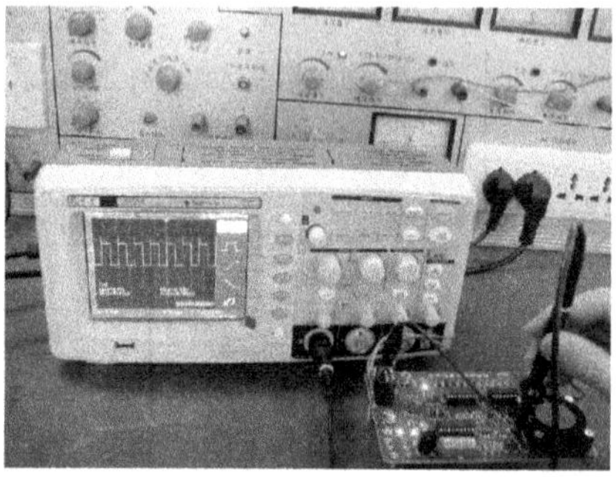

（a）示波器测试

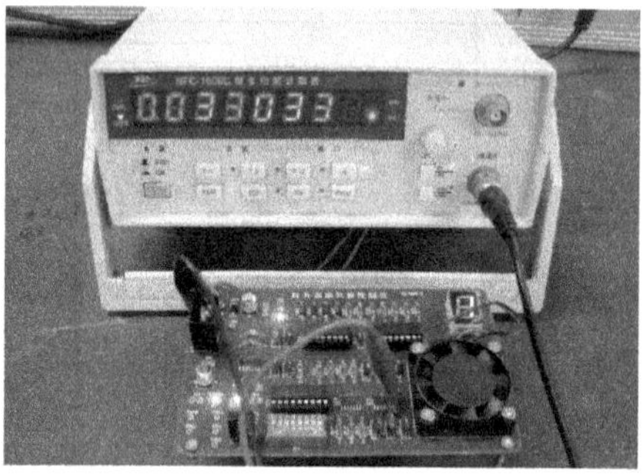

（b）毫伏表测试

图 5-6　风速 1 挡测试

表 5-2　风速 1 挡测试

<table>
<tr><th>风速 1 挡波形</th><th>示　波　器</th><th>频　率　计</th></tr>
<tr><td rowspan="4">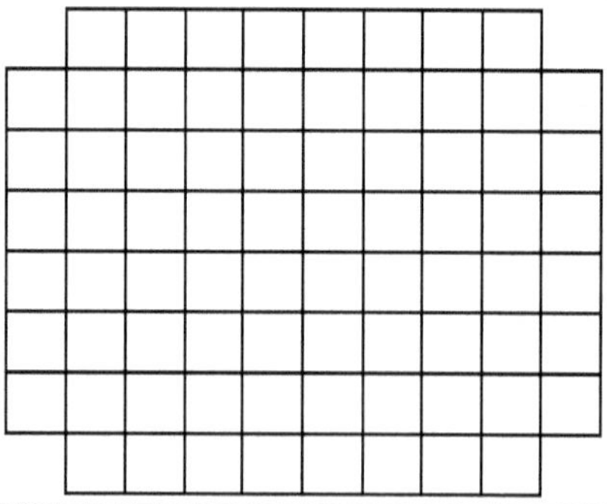</td><td>幅度量程：</td><td rowspan="4">周期：</td></tr>
<tr><td>幅度：</td></tr>
<tr><td>周期量程：</td></tr>
<tr><td>周期：</td></tr>
</table>

② 风速为 2 挡时，测试示意图如图 5-7 所示，将测量数据记录在表 5-3 中。

（a）示波器测试　　　　（b）毫伏表测试

图 5-7　风速 2 挡测试

表 5-3　风速 2 挡测试

风速 2 挡波形	示波器	频率计
	幅度量程：	周期：
	幅度：	
	周期量程：	
	周期：	

③ 风速为 3 挡时，测试示意图如图 5-8 所示，将测量数据记录在表 5-4 中。

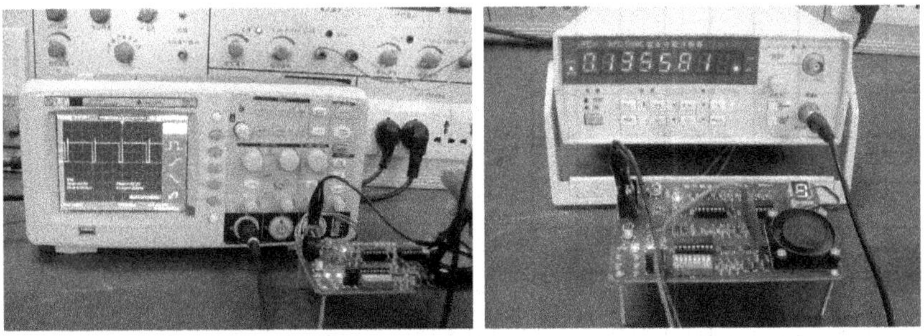

（a）示波器测试　　　　（b）毫伏表测试

图 5-8　风速 3 挡测试

表 5-4　风速 3 挡测试

风速 3 挡波形	示　波　器	频　率　计
	幅度量程：	周期：
	幅度：	
	周期量程：	
	周期：	

4）红外发射与接收电路测试

当按下按键 S3 时，测量红外线接收电路 PT2272 的 14 脚信号波形，测试示意图如图 5-9 所示，将测量数据记录在表 5-5 中。

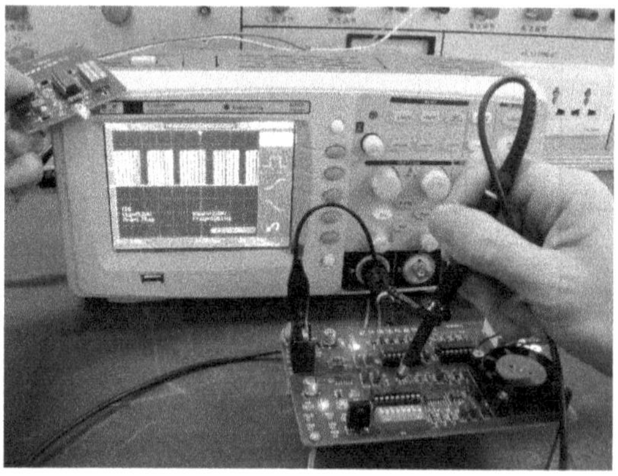

图 5-9　红外接收电路测试

表 5-5　红外接收电路测试

波　形	示　波　器
	幅度量程：
	幅度：

任务拓展

（1）模拟示波器和数字示波器测量参数各有什么优点？

（2）如何利用所测试的参数来分析电路的性能？

补充阅读

（1）利用周末时间去电子城，熟悉了解电子仪器设备。

（2）阅读孙艳主编的《电子测量技术实用教程》里中关于仪器功能和使用的介绍。

学习评价

通过学习以上任务，利用仪器设备测量遥控器 IC1 PT2262 的 17 脚电压信号参数，判断遥控器工作是否正常，并按表 5-6 中的标准进行评价。

表 5-6　电子产品调试的常用设备认识和使用评价

<table>
<tr><td>学生姓名</td><td></td><td>班级</td><td></td><td>日期</td><td></td><td>自评</td><td>组评</td><td>师评</td></tr>
<tr><td rowspan="6">应知知识
（35 分）</td><td colspan="5">评 价 内 容</td><td></td><td></td><td></td></tr>
<tr><td colspan="5">1. 模拟示波器的使用方法（8）</td><td></td><td></td><td></td></tr>
<tr><td colspan="5">2. 频率计的使用方法（6）</td><td></td><td></td><td></td></tr>
<tr><td colspan="5">3. 毫伏表的使用方法（6）</td><td></td><td></td><td></td></tr>
<tr><td colspan="5">4. 示波器和毫伏表测量参数之间的关系（7）</td><td></td><td></td><td></td></tr>
<tr><td colspan="5">5. 信号发生器的使用方法（8）</td><td></td><td></td><td></td></tr>
<tr><td colspan="6">小　　计</td><td colspan="3"></td></tr>
<tr><td rowspan="4">技能操作
（45 分）</td><td colspan="2">评 价 内 容</td><td colspan="2">考 核 要 求</td><td>评 价 标 准</td><td></td><td></td><td></td></tr>
<tr><td colspan="2">1. 仪器设备的位置布局（10 分）</td><td colspan="2">能正确的摆放仪器设备位置</td><td>仪器设备布置便于观测和操作；体积小、重量轻的仪器放在最上面；仪器布置接线应最短。1 分/处，本任务最多扣 5 分</td><td></td><td></td><td></td></tr>
<tr><td colspan="2">2. 利用仪器对电路进行调试（20 分）</td><td colspan="2">能根据要求用仪器设备对参数进行测试分析</td><td>利用仪器设备对电路参数的测试，包括波形图、频率、周期、电压幅度及有效值，4 分/个</td><td></td><td></td><td></td></tr>
<tr><td colspan="2">3. 测量参数记录（15 分）</td><td colspan="2">记录电路中功能测试点的相关参数</td><td>记录电路中指定功能测试点的波形及频率；
包括波形图、频率、周期、电压幅度及有效值参数，3 分/个</td><td></td><td></td><td></td></tr>
<tr><td colspan="6">小　　计</td><td colspan="3"></td></tr>
</table>

续表

学生姓名		班级		日期		自评	组评	师评
学生素养（20分）	评 价 内 容	考核要求	评价标准					
	1. 操作规范（10分）	安全文明操作 实训养成	1. 无违反安全文明操作规程，未损坏元器件及仪表； 2. 操作完成后器材摆放有序，实训台整理整洁，实训室干净清洁。 （根据实际情况进行扣分）					
	2. 德育（10分）	团队协作 自我约束能力	小组团结合协作精神； 考勤，操作认真仔细。 （根据实际情况进行扣分）					
小 计								
综合评价								

任务二 功率放大器的调试

任务描述

某电子厂生产出了一批功放，经过调试、质检、包装后销往市场，消费者购买使用一段时间后，陆续发现功放出现了质量问题，企业接收到投诉信后，立即召回这一批功放，经过检测发现电路装配无误，造成这些质量问题的原因是技术人员在调试时没有按照调试工艺文件要求进行调试。这一事件给企业的声誉造成了很大负面影响，相关的技术人员受到了责任处理。

由此可见，我们必须把握好“产品调试”这个重要环节，通过调试使电子产品工作性能稳定，达到设计性能指标。在此，我们来学习功放电路的调试方法，作为其他电子产品生产调试的参考。

知识准备

1. 电子产品的调试程序

电子产品调试的一般程序如图 5-10 所示。

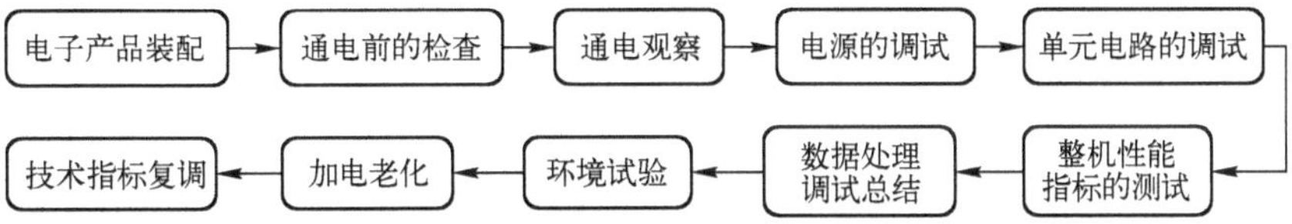

图 5-10　电子产品的调试程序

2. 电子产品调试的常用方法

电子产品调试的常用方法见表 5-7。

表 5-7　电子产品调试方法

调试方法	内容
观察法	◆在不通电情况下，观察电子产品的旋钮、显示屏、电源线、接线柱、电路的元器件、机械部件是否有故障，如发现有就立即处理； ◆在通电情况下，观察电路的元器件有无异响、异味、冒烟、打火、烧坏熔断器等现象，如果发现，立即断电，找准故障原因再通电

续表

调试方法	内　　容
电阻法	在电路不通电的情况下进行，用万用表合适的电阻挡对电路中的元器件进行检测，如开关、晶体管、电阻、电容、导线等，看是否有开路或短路的现象（对电容检测时，需要先对电容进行放电）
电压法	对电子产品的电源电压、各单元电路的工作电压进行检测，与正常的电压值进行比较，从而找出故障点。一般在检修电子产品时，都应先检测电源电压、晶体管、集成电路、二极管等元器件的工作电压是否正常
替代法	对某些元器件（或某电路模块），不能通过仪器直接判断是否有故障时，可以采用替代法，如果更换后故障就消失了，说明就是该元件（模块）故障。替代法对于缩小故障范围和确定故障点有很大帮助，特别是结构复杂的电子产品，如液晶电视机，计算机主机等
波形观察法	借助示波器来直接观察某个点的波形、周期或幅度，通过这些参数来判断电路或器件是否正常

任务实施

这里以 XZY100－A 型双声道立体声功率放大器的调试为例进行介绍。

1. 电路简介

XZY100－A 型功率放大器是由 2 片 TDA2030A 集成电路构成的立体声功率放大器，具有失真小、外围元件少、稳定性高、频响范围宽、保真度高、功率大等优点。同时，采用运放 LM324 对输入音频信号进行处理及高、低音控制，从而保证了良好的输出音质。XZY100－A 型功率放大器实物如图 5-11 所示，其电路原理图如图 5-12 所示。

图 5-11　XZY100－A 型功率放大器实物图

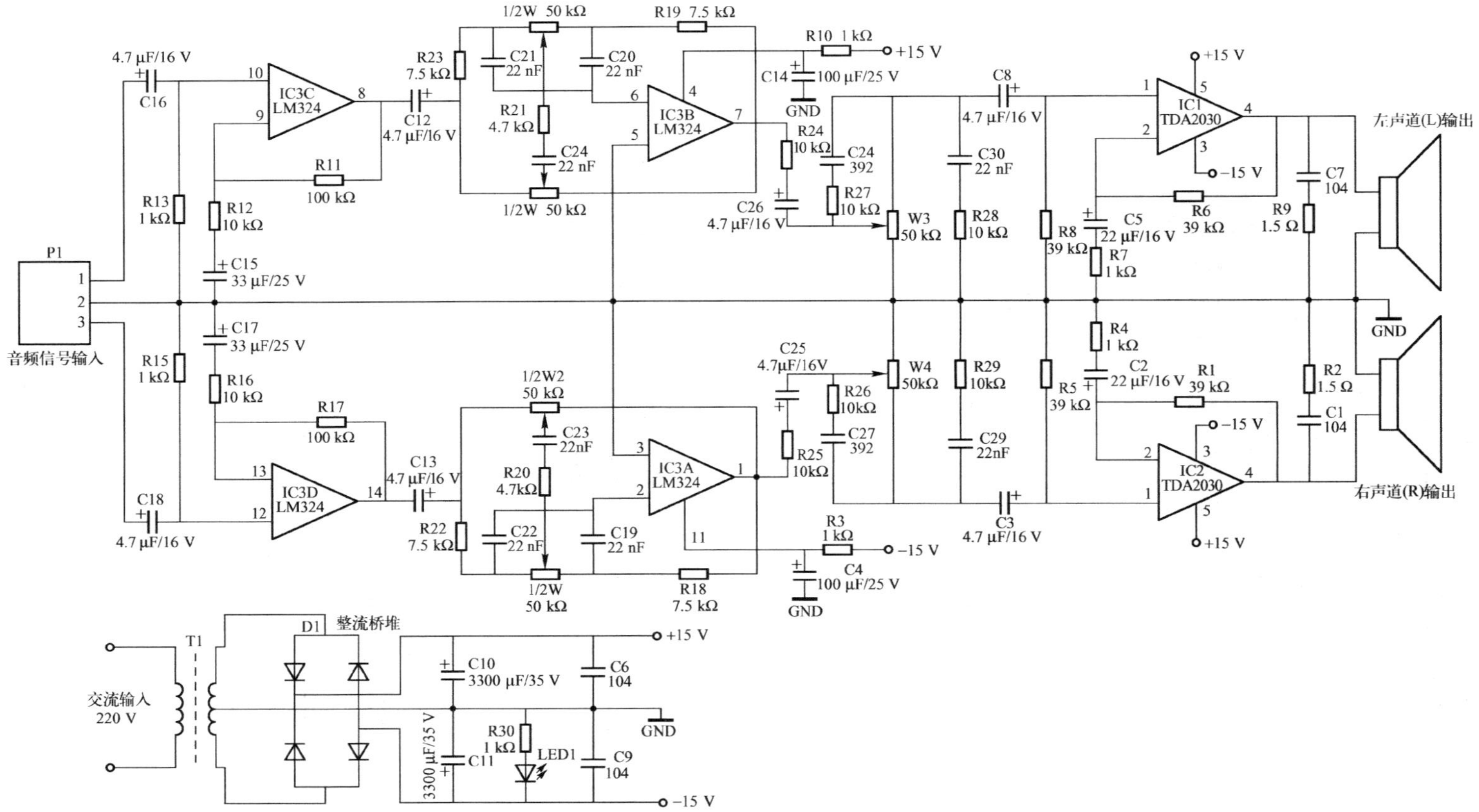

图5-12 XZY100-A型功率放大器原理图

功率放大器由正负电源电路、音量控制电路、高低音控制电路、前置放大电路、功率放大电路组成，各单元电路在电路板上的分布位置如图 5-13 所示。

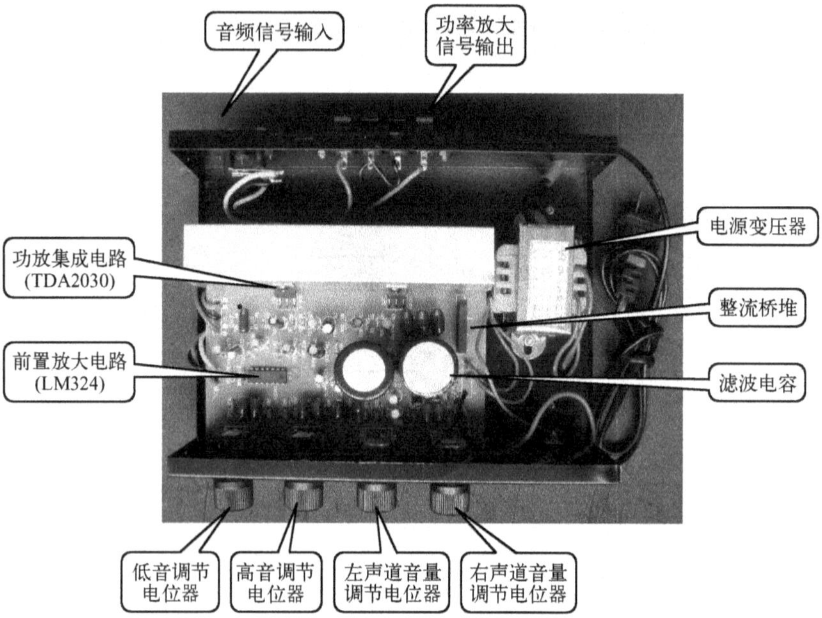

图 5-13　单元电路分布位置

2. 调试步骤

1）通电检查

通电前将电源开关置于关的位置，检查元器件安装是否正确，电源线是否接反接错，音频输入、输出线是否连接正确，变压器、电路板、调节旋钮是否安装到位。然后打开电源开关，观察电源指示灯是否亮，有无异常情况（如打火、发出异味、异响等）。

2）电源电路的调试

（1）220 V 交流电压经过变压器降压后得到双 12 V 交流电压，经过桥堆整流，C8 ～ C11 滤波后得到 ±15 V 的直流工作电压，给前置放大电路 LM324 和功放集成电路 TDA2030 供电。

（2）用万用表检测变压器 T1 初级电压、次级电压，以及桥堆整流电容滤波后输出的直流电压。将测试数据记录在表 5-8 中。

表 5-8　电源电路参数测试

T1 初级电压	T1 次级电压	C10 两端电压	C11 两端电压

注意：对于双电源电压的测试，可分别进行。测正电源时，黑表笔接地，红表笔接被测点；测负电源时，红表笔接地，黑表笔接被测点。图 5-14 为本电路中 ±15 V 直流电压的测试示意图。

3）前置放大电路的调试

（1）前置放大电路组成。由四路运算放大器 LM324 及外围元件组成高、低音控制电路及音频输入信号的处理电路，C16、C18 分别是左右声道两路信号的输入耦合电容，W1 是左右声道的低音控制电位器，W2 是左右声道的高音控制电位器，C25、C26 是输出耦合电容。LM324 的 4 脚、11 脚分别是正、负电源电压，3、5 脚是接地端。

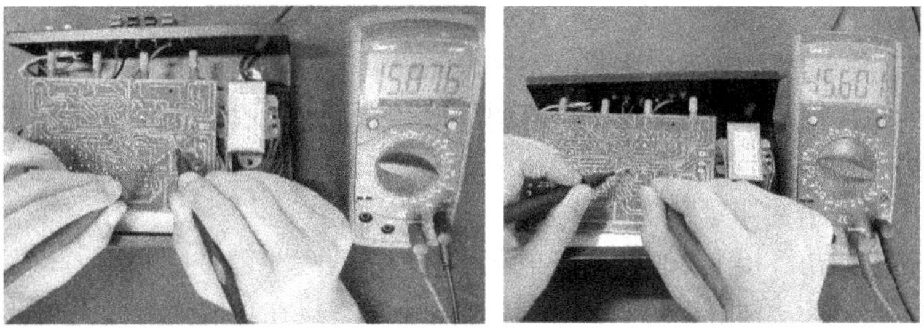

（a）+15 V直流电压测试　　　　（b）−15 V直流电压测试

图 5−14　±15 V 电压的测试

（2）前置放大电路的测试。用万用表测量前置放大电路 LM324 各引脚的静态工作电压，以检查电路工作是否正常。测试方法：万用表置合适的直流电压档，黑表笔接地，红表笔分别接触 LM324 的各个引脚，依次测出每个引脚的电压。LM324 引脚电压测试示意图如图 5−15 所示。将测试结果记录在表 5−9 中。

（a）测4脚电压　　　　（b）测11脚电压

图 5−15　LM324 引脚电压测试

表 5−9　LM324 引脚电压测试

LM324 各个引脚电压/V													
1 脚	2 脚	3 脚	4 脚	5 脚	6 脚	7 脚	8 脚	9 脚	10 脚	11 脚	12 脚	13 脚	14 脚

4）功放电路的调试

（1）电路组成。两个声道功率放大器采用的集成电路是 TDA2030，其 1 脚为正相输入端，2 脚为反相输入端，C3、C6 分别为左、右声道的输入耦合电容，Rl、R4、C2 构成 IC1 的负反馈电路，R6、R7、C5 构成 IC2 的负反馈电路，以提升音质。5 脚、3 脚分别接正、负电源，4 脚为输出端。W3 是左声道的音量电位器，W4 是右声道的音量电位器。

（2）测试。将各个旋钮调到最小处，测量功放集成电路 IC1、IC2 的静态工作电压，将结果记录在表 5−10 中。

表 5−10　TDA2030 集成电路引脚电压测试

IC1 引脚电压/V					IC2 引脚电压/V				
1 脚	2 脚	3 脚	4 脚	5 脚	1 脚	2 脚	3 脚	4 脚	5 脚

3. 整机调整

将电源电路、前置放大电路、功放电路调试完成后，把功放的电源开关关闭，将音量调节旋钮、高音调节旋钮、低音调节旋钮、平衡调节旋钮调到最小处，接好音箱，打开电源开关，按照性能指标测试要求进行参数测试。

1）输出电压放大倍数测量

① 将电源变压器初级接上 220 V 交流电压，利用信号发生器产生频率 $f = 1$ kHz、电压幅度为 0.6 V 的正弦波信号，将此信号作为功放输入信号 U_i，接在功放信号输入端，负载扬声器采用 25 W/8 Ω，将音量电位器调到最大处，然后利用示波器测量功放输出端的信号幅度 U_O。输入输出信号测试示意图如图 5-16 所示。

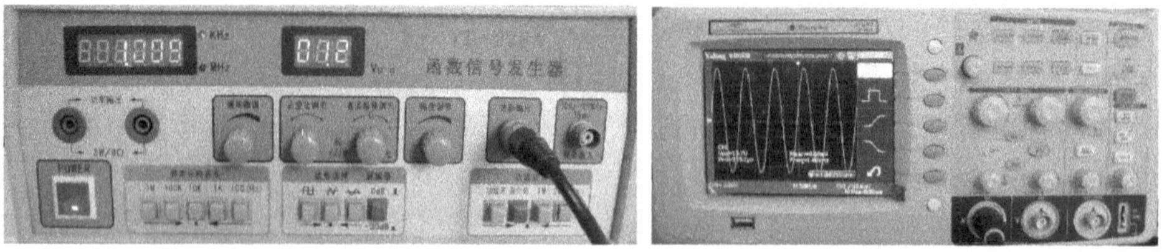

（a）信号发生器产生输入信号　　（b）示波器测量输出信号幅度

图 5-16　输入、输出信号测试示意图

② 计算放大倍数：利用公式 $A_U = U_O / U_i$ 计算出输出电压放大倍数 A_U。

2）计算功放输出功率 P_O

上面步骤（1）已经测量出功放的输出电压幅度 U_O，负载 $R_L = 25$ W/8 Ω，然后利用公式 $P_O = U_O^2 / R_L$ 计算出功放的输出功率 P_O。

3）计算电源平均供给功率 P_i

① 利用万用表测量电源供给平均电流 I_{DC}

接上扬声器负载（25 W/8 Ω），断开功放集成电路 IC1 的 3 脚与电源滤波电容 C11 的负极，将数字万用表选择合适的直流电流挡，再把数字万用表串在断开的支路中测量电源供给平均电流 I_{DC}。测试示意图如图 5-17 所示。

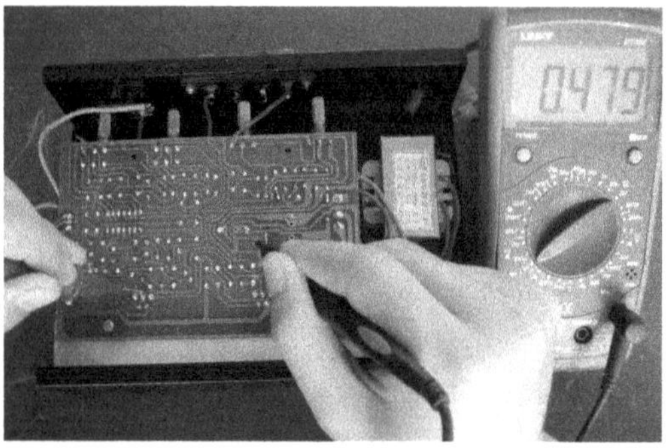

图 5-17　电源供给平均电流 I_{DC} 的测试

② 计算电源平均供给功率 P_i

利用公式 $P_i = V_{CC} I_{DC}$ 计算出 P_i（V_{CC} 为功放集成电路的工作电压）

4）计算功放的效率 η

前面步骤2)、3)已经计算出了 P_O、P_i，利用公式 $\eta = P_O/P_i$ 计算效率 η。

5)数据整理

将以上四个步骤测量及计算出的性能参数记录在表5-11中。

表5-11 性能参数记录

输出电压 U_O	电压放大倍数 A_U	输出功率 P_O	电源平均电流 I_{DC}	电源平均功率 P_i	效率 η
U_O =	A_U =	P_O =	I_{DC} =	P_i =	η =

6)调试总结

通过对功放的性能指标测试分析，装配的功放电路性能指标达到了设计要求，该功放高音柔美细腻，低音丰满圆润。

4. 环境试验

电子产品整机性能测试完成后，需要进行环境试验，使电子产品能够在相应的环境下正常工作。环境试验主要包括气候环境试验和机械环境试验两个方面。电子产品通常进行的环境试验有温度、湿度、风雨、跌落、振动、冲击试验等，其中，温度、湿度和振动试验通常称为三综合环境试验，是所有电子产品不可缺少的环境试验。环境试验需要借助专用的设备来完成，常用环境试验设备见表5-12。

表5-12 常用环境试验设备

设备名称	设备实物图	功能简介
高低温试验设备		检测电子产品在高低温环境下的存储和操作性能，相关器件是否会受到损坏或者功能操作失效。高低温试验主要分为高低温循环、快速温变和温度冲击试验
振动、机械冲击试验设备	 	电子产品在运送、使用、保存中会产生碰撞和振动，使电子产品在一段时间后产生不良变化，影响产品的使用。冲击的基本参数包括冲击波形、加速度峰值和脉冲持续时间。本设备可以检测电子产品耐振动、机械冲击的能力
跌落试验设备	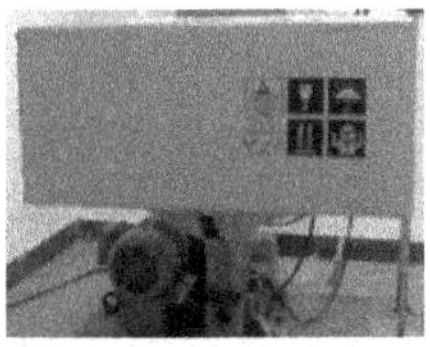 	可以模拟产品运送、使用、保存中跌落或受到冲击的受损情况。通过试验，能得到产品可以承受的跌落次数、高度和方式等数据

5. 整机加电老化

通过加电老化试验发现并排除功能失效的元器件，从而提高电子产品工作的可靠性及使用寿命，同时稳定整机参数，保证产品质量。加电老化的技术要求见表5-13。

表5-13 加电老化技术要求

技术指标	技术要求
温度	通常是在常温进行，有时对整机的部分或整机进行高低温测试，测试主要分为三级：40℃±2℃、55℃±2℃、70℃±2℃
循环周期	每个周期加电时间4 h，断电时间0.5 h
累积时间	加电老化时间累积计算，累积时间通常为200 h
测试次数	根据产品技术而设定
测试间隔时间	通常为8 h、12 h、24 h

加电老化测试的程序如图5-18所示。

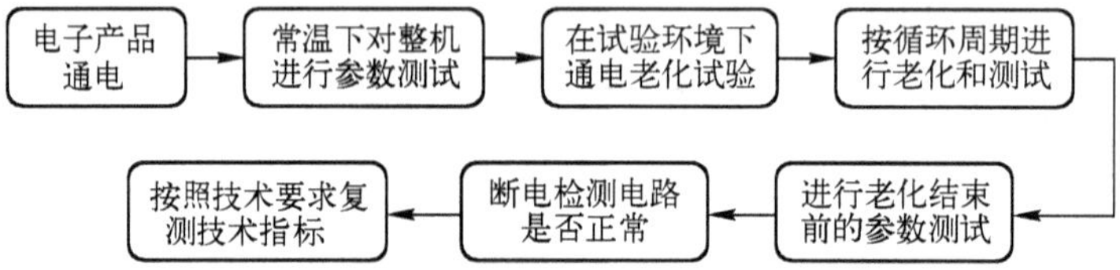

图5-18 加电老化测试程序

6. 参数复调

电子产品经过加电老化试验后，整机的各个技术性能指标会发生一定的变化，通常还需要对其再次进行调试才能保证电子产品的性能处于最佳状态，才能成为合格的产品投放市场。

任务拓展

1. 联系电子产品生产企业，分析其生产的电子产品，为其编制调试工艺文件。
2. 怎样利用仪器设备测量功放的上限截止频率f_H和下限截止频率f_L，然后计算出频带宽度。
3. 若功放两个声道均出现无声现象，该怎样去分析检修。

补充阅读

1. 通过互联网搜索《电工电子产品环境试验国家标准》，并进行阅读。
2. 资料查阅：电子产品调试时有哪些应注意的安全措施？

学习评价

本任务的学习评价见表5-14。

表5-14 学 习 评 价

<table>
<tr><td>学生姓名</td><td></td><td>班级</td><td></td><td>日期</td><td></td><td>自评</td><td>组评</td><td>师评</td></tr>
<tr><td rowspan="7">应知知识
（25 分）</td><td colspan="5">评价内容</td><td></td><td></td><td></td></tr>
<tr><td colspan="5">1. 数字示波器的使用方法（5 分）</td><td></td><td></td><td></td></tr>
<tr><td colspan="5">2. 频率计的使用方法（5 分）</td><td></td><td></td><td></td></tr>
<tr><td colspan="5">3. 毫伏表的使用方法（5 分）</td><td></td><td></td><td></td></tr>
<tr><td colspan="5">4. 数字万用表的使用方法（2 分）</td><td></td><td></td><td></td></tr>
<tr><td colspan="5">5. 电子产品的测试方法（3 分）</td><td></td><td></td><td></td></tr>
<tr><td colspan="5">6. 电子产品调试的程序（5 分）</td><td></td><td></td><td></td></tr>
<tr><td colspan="6">小 计</td><td></td><td></td><td></td></tr>
<tr><td rowspan="5">技能操作
（55 分）</td><td>评价内容</td><td colspan="2">考核要求</td><td colspan="2">评价标准</td><td></td><td></td><td></td></tr>
<tr><td>1. 仪器设备的位置布局（15 分）</td><td colspan="2">能正确的摆放仪器设备位置</td><td colspan="2">仪器设备布置便于观测和操作；体积小，重量轻的仪器放在最上面；仪器接线应最短。2 分/处</td><td></td><td></td><td></td></tr>
<tr><td>2. 单元电路的调试（16 分）</td><td colspan="2">对功放进行通电检查，电源、前置放大电路、功率放大电路的调试</td><td colspan="2">利用仪器设备对单元电路的参数进行测试，电源电压测量（4 分）；LM324、TDA2030 各引脚电压（每个引脚电压 0.5 分）</td><td></td><td></td><td></td></tr>
<tr><td>3. 整机调整（6 分）</td><td colspan="2">关闭功放电源，各调节旋钮调到最小处，正确连接音箱</td><td colspan="2">四个调节旋钮、一个电源开关、音箱的连接。1 分/个</td><td></td><td></td><td></td></tr>
<tr><td>4. 整机性能指标的测试（18 分）</td><td colspan="2">信号 $f = 1\ \text{kHz}$，幅度 1.2 V，$R_L = 8\ \Omega/25\ \text{W}$，测量分析频率响应，$U_{om}$、$P_O$、$A_U$、$P_i$、$\eta$。</td><td colspan="2">输入信号参数接入正确（2 分）；测量电源供给的平均电流 I_{DC}（2 分）；测量输出电压 U_{om}，计算 P_O、A_U、P_i、η（各 2 分）。频率响应（4 分）</td><td></td><td></td><td></td></tr>
<tr><td colspan="6">小 计</td><td></td><td></td><td></td></tr>
<tr><td rowspan="3">学生素养
（20 分）</td><td>评价内容</td><td colspan="2">考核要求</td><td colspan="2">评价标准</td><td></td><td></td><td></td></tr>
<tr><td>1. 操作规范（10 分）</td><td colspan="2">安全文明操作，实训养成习惯</td><td colspan="2">1. 无违反安全文明操作规程，未损坏元器件及仪表；
2. 操作完成后器材摆放有序，实训台整理整洁。根据实际情况进行扣分</td><td></td><td></td><td></td></tr>
<tr><td>2. 德育（10 分）</td><td colspan="2">团队协作、自我约束能力</td><td colspan="2">小组团结合协作精神；考勤，操作认真仔细；根据实际情况进行扣分</td><td></td><td></td><td></td></tr>
<tr><td colspan="6">小 计</td><td></td><td></td><td></td></tr>
<tr><td colspan="2">综合评价</td><td colspan="7"></td></tr>
</table>

附录A

生产现场管理

【知识目标】

- 学会生产现场管理的职责要求；
- 学会生产现场管理的基本方法；
- 学会生产现场管理的基本技巧。

【技能目标】

- 具备生产现场管理最基本的管理操作能力；
- 具备生产现场管理者基本的管理素质；
- 具备生产现场管理者基本突发问题处理能力。

【情景导入】

有一天动物园管理员们发现袋鼠从笼子里跑出来了，于是开会讨论，一致认为是笼子的高度过低。所以它们决定将笼子的高度由原来的10 m加高到20 m。结果第二天他们发现袋鼠还是跑到外面来，所以他们又决定再将高度加高到30 m。

没想到隔天居然又看到袋鼠跑到了外面，于是管理员们大为紧张，决定一不做二不休，将笼子的高度加高到100 m。

一天长颈鹿和几只袋鼠们在闲聊，“这些人会不会再继续加高你们的笼子？”长颈鹿问。“很难说。”袋鼠说：“如果他们再继续忘记关门的话！”

从这个故事中我们能够知道：事有“本末”“轻重”“缓急”，关门是本，加高笼子是末，舍本而逐末，当然就不得要领了。管理是什么？管理就是抓事情的“本末”、“轻重”、“缓急”。而对于生产企业而言，管理就是质量，管理就是效益。

任务一
基层管理者的工作职责

任务描述

通过一个生产一线基层管理者的工作流程案例进行分析，掌握基层管理者的工作职责。

知识准备

对于电子产品生产企业，其基层管理者职责为：加强生产作业管理，重视生产安全，对生产小组人员进行人员管理。基层管理者职责见表 A-1。

表 A-1　基层管理者职责

编　　号	职　　责	内　　容
1	线上物料管理	1. 按生产需求，安排专人领料，审核物料的质量、数量
		2. 依据物料属性，确定物料存放的环境和方法
		3. 对存放物料进行定期检查，查看物料良好情况和环境情况
		4. 如出现余料、废料或欠料，指导物料人员办理退补、料作业
		5. 严密监督物料使用情况，做好控制与清理，保证生产作业的正常进行
		6. 分析并检讨现场物料管理的不足之处，适时改善和提高
2	生产作业管理	1. 针对不同的生产类型选择不同的班组作业办法
		2. 对作业内容进行确认，按照 5S 要求清理作业现场
		3. 按照安排好的作业顺序，向作业人员下达作业指令
		4. 依据生产作业计划，检查出产数量、出产时间和配套性
		5. 监督班组成员的质量管理行为，发现质量问题，立即采取控制措施
		6. 对当日生产异常管理内容进行清理，确认是否有执行不力的事项
3	生产安全管理	1. 加强安全教育和培训
		2. 加强作业技术培训，提高作业娴熟度
		3. 加强作业指导和监督，及时纠正危险的作业行为
4	生产小组人员管理	1. 实施早晚会制度，安排工作计划，了解工作进度
		2. 考察人员出勤情况，安排交接班，处理临时人员增调工作
		3. 对生产作业人员进行培训、激励、评价和考核，提高其技能水平

任务实施

组织一场案例分析活动。

1. 案例展示

表 A-2 所示为某公司电子产品生产现场基层管理人员一天的具体工作。

表 A-2　电子产品生产现场基层管理人员一天的工作

时间段	序号	工作项目	具体内容及注解
08:00 ~ 11:50	1	提早 15 min 上班	作为管理人员，每天必须提早 15 min 上班，为马上要进行的晨会预留充足的准备时间。有些需要提前预热的机器设备，也可以提早打开，为一上班就能进入正常生产做准备
	2	晨会	集合班组内所有人员，点名，互相问候。在总结昨天工作的基础上安排今天的工作，说明基本要求和注意事项
	3	设备、治工具检查，结果确认	为了早发现设备、治工具的不符合，用作业动作状态检查表来确认问题点的有无。若有不符合，应根据其程序让维修工修理，采取报告上司等方式适当地处理
	4	测定机器等精度确认	对于本工序的测定机器，使用工具等进行精度进行确认，对常出现状况的机器可以试运行。对测定机器要进行相关的登记
	5	现场巡视	（1）作业的观察。为了检查作业者是否按照标准进行作业，或者为了找出更好的作业方法而进行作业观察。特别是新的作业设定之后，或者员工接受新作业的时候，作业内容是否适合作业者的水平，要观察是否能进行标准作业，然后进行相应的作业指导。看作业者作业状态的时候，要对照标准作业书，至少在仔细地观察 10 次以上之后进行指导。 （2）安全作业状态的检查。作业者是否按照规定穿着保护装，安全动作、工作环境状态（5S、照明、温度、通风、台面等）。 （3）品质检查状态的确认。作业者是否采取按照指示的品质检查方法。本工序的品质保证状况一天 2 次（上午 1 次，下午 1 次），在下一个工程和本工序内确认。有时也听组员的报告。 （4）零部件、材料的存量检查确认
	6	给上司报告生产状况	给上司正确地传达生产状况，提出自己的看法意见，请求必要的指示，上司不在时报告给代替人
	7	后勤事务处理	—
	8	把握某段时间的生产实绩	1 小时生产实绩记入在生产开动日报上，就能知道生产线的总体开动状态，慢的时候查明原因，采取必要的对策
	9	出席联络会	为了进行各种情报交换，出席联络会。对于调整事项等（人员、品质、组员展开的方法，组立方法等）交流各自的心得看法。
	10	对于指示事项的实施状况检查	（1）对于临时作业，工程试验、生产试验、设计变更的作业容易出现异常，这时组长和技术员应参与首件产品的确认。必须按照设计式样图、工程表、作业表检查；还要就是否按定量和日程共同进行的数量检查，并在变更后的首件产品上挂标识牌，以引起相关人员注意以采取应变措施。 （2）对于作业变更的时候是否按照变更的内容作业，要检查有什么不符合。前工序、本工序以及下工序上有什么问题发生，对是否要支援、确认半成品等进行指示。 （3）要确认新的作业者是否按照作业指导进行作业。 （4）生产进度的把握
	11	作业	员工是否按作业方法在生产线上作业

续表

时间段	序号	工作项目	具体内容及注解
08:00 ~ 11:50	12	品质和异常的情报收集和反馈	要留意上一工序上是否有新人作业（作业不熟练者），或者本工序上是否有新人进入，或者作业熟练者休息等，这些情报要提前联络检查员或下一工序，对故障根据系列号码（实际的日程安排号码）确认生产状况，同时要确认不良和有问题的制品出货的地方，组长认为判断有困难的时候集合有关部门确认现物、现状，并向上司、技术员等请求指示、呈报意见。
12:00 ~ 14:00	13	参加午休的活动	发动组员积极地参加现场娱乐活动、午休学习会等。
	14	上午生产实绩和设备维修检查。	（1）生产实绩达不到计划的时候，下午首先调查原因采取对策。 （2）不符合的设备、工具是否正确地维修。午休的时候是否传达给负责保养的作业者。
14:00 ~ 18:00	15	作业训练确认和实施	把握现场里必要的技术内容和各人的技能训练要求之后，制订训练计划，根据标准作业书实施作业训练
	16	实施现场巡视	与上午序号5的内容一样。不过，对上午的要点有改变的必要，比如对于作业者的观察来说，下午和上午进行观察的对象不同
	17	把握某段时间的生产实绩	与上午序号8的内容一样
	18	对于指示事项实施状况的检查	与上午序号10的内容一样
	19	作业	与上午序号11的内容一样
	20	品质和异常的情报收集和反馈	与上午序号12的内容一样
	21	异常发生的时候对策、处理	安全——跟上司（安全专员）联络，接受指示。 品质——首先指示本工序对策，防止向下工序流出不良品，就异常发生的事实迅速联络上司和检查部门等。 设备——联络保全部说明状况，耗时较长时报告上司采取适当处置。 停止时间中——时间可能长达20 min以上时，组织员工学习、开会、或者对不良品返工处置等，短时间（20 min以下）的停止时，指示组员进行现场清扫、整理、整顿等活动
	22	勤务关系的处理、检查	确认出勤状况，批复相关申请；接受有关生产的联络事项
	23	下班时的生产实绩以及生产上的诸数据的确认和汇集报告	（1）根据当日的生产状况，确认实绩、整理数据，通知下一班开工时要进行的必要处置。 （2）作业日报上记入、确认，根据这个日报记录各种管理数据，把握现场的问题。 （3）生产实绩。劳保穿戴、设备点检、安全隐患、5S、品质情报统计，测定机器精度、开工、下班点检簿、不良统计，材料使用状况，保护工具，消耗品使用状况，作业员的勤怠、出勤率等

续表

时间段	序号	工作项目	具体内容及注解
14:00 ~ 18:00	24	轮班传达事项的确认	把轮班必要的情报记入在白班夜班联络本里。白班夜班联络本上记载以下内容： （1）生产方面。生产量完成的正负数；作业设定内容。 （2）人事方面。组员的异动、支援、临时员工的入厂接收等情报。受训者和出差者的确认等。 （3）品质方面。下班之前总结品质不良发生时处置的情况，异常零件被纳入的情报，本工序上流出的不良品处置等。 （4）设备关系。对于××设备上的问题采取××对策。还是原因追究，对策方法或者确认等。 （5）其他。安全装置是否符合规定，灾害的有无等
	25	下班时的处置	防护用具的收回、放置，工具的收拾、点检，现场清扫的确认
	26	晚会	明天的联络事项，安全的确认，明天休息者的确认等

2. 活动形式

以小组为单位进行案例分析。

3. 活动过程

（1）教师向同学们说明本次活动的目的、内容及注意事项。

（2）学生在预习“知识准备”，认真研读案例并在教师的指导下，就以下研讨问题展开讨论：

◆ 案例中有哪些基层管理内容还没有涉及？

◆ 案例中你觉得哪些内容不好理解或者实施？大家一起讨论一下。

◆ 案例中你是否对现场管理有了认识？对现场管理你有什么看法或者想法？

◆ 如果你是一名基层生产现场管理着，你觉得你的工作意义是什么？

（3）组长负责记录，小组代表报告研讨结果。

（4）学生对本次活动的开展情况进行自我评价；小组组员对本次活动的开展情况进行互评；小组组长根据学生本人、小组组员评价情况再综合评价；教师对本次活动的开展情况进行评价；对主要存在的争议问题加以解答；对表现好的小组和个人给予表扬或奖励。

（5）填写好研讨记录，见表 A–3。

表 A–3 研 讨 记 录

研 讨 记 录	
小组成员	
个人意见	

续表

小组结论	
教师评价	

任务拓展

寻找参加过教学实习、顶岗实习的同学或朋友，了解生产过程，利用所学知识进行总结归纳，完成一份《基层管理者的一天》的报告。

补充阅读

《现场管理的三大工具》《生产管理工具箱》《生产现场》等。

学习评价

本任务的学习评价见表 A-4 所示。

表 A-4 学习评价

学生姓名		班级		组别		自评	组评	师评
知识准备（20 分）	基层现场生产管理者的职责（20 分）							
小计								
任务实施（60 分）	评价内容		评价要求			自评	组评	师评
	任务学习态度（10 分）		积极参与活动和讨论，尊重同学和教师					
	团队角色（30 分）		具有较强的团队精神、合作意识，服从组长安排，能够有效的参与任务，有效地评价小组成员					
	任务实施情况（20 分）		达到学习目标，按要求完成各项任务					
小计								
学生素养（20 分）	评价内容考核要求		评价要求			自评	组评	师评
	行为习惯（10 分）		中学生行为规范					
	德育（10 分）		考勤，参与认真仔细，根据实际情况进行扣分					
小计								
综合评价								

任务二 早会

任务描述

通过一个基层管理者的开会案例进行分析，掌握基层管理者开会的技巧。

知识准备

一年之季在于春，一日之季在于晨。早会（见图 A-1）集全日的管理于 10 min 之内，全方位地对每个人、每件事进行清理和控制，达到改善员工精神面貌，创建组织学习文化，建立相互检查、监督考核机制，聚焦公司品牌文化引导企业行为，提高核心竞争力。基层管理着一般开会流程及注意事项见表 A-5。

图 A-1　早会

表 A-5　早会流程及事项

项　目	具体内容
早会前准备	（1）提前写好开会大纲，对于当天要讲的几个问题，事先罗列出来，以便开会时条理清楚； （2）整理服装仪容； （3）会前预习早会内容，做到不会临场惊慌失措

续表

项　　目	具 体 内 容
早会中要求	早会队形要求： 早会队形一般为横队，按高矮顺序排列为标准，见图 A-1 早会时间： 早会时间从上班前 10 min 开始，时间尽量控制在 5 ~ 10 min 之间。 早会仪态： （1）基层现场生产管理者要昂首挺胸面对大家； （2）服装要干净、整洁； （3）声音要清楚、洪亮； （4）无论基层现场生产管理者或作业员都不可将手插入口袋之中； （5）不可以将身体靠在桌子上、车子上或站姿不正； （6）作业员要耐心听基层现场生产管理者讲解，不可心不在焉、东张西望或做一些小动作。
早会主要内容	（1）基层现场生产管理者和作业员道早安； （2）检讨昨日生产目标达成状况和质量状况； （3）及时传达新信息，对于有利于公司形象，员工士气等方面的新信息，要及时传达； （4）安排当日工作，宣布当日目标； （5）表扬优秀员工，对于效率高表现好的优秀员工，要及时予以表扬，让她成为大家学习的榜样； （6）鼓励士气，一日之始，要鼓励员工努力挑战新的一天； （7）与其他班组比较，在各方面，都要与其他班组比较，让员工知道自己的差距在哪里，自己在哪些方面胜于别人； （8）日出货产品特别提醒，对于当日要出货的产品、数量、问题等要特别强调，让员工明白其重要性； （9）检讨本组 5S 情况； （10）检讨本组生产工作管理情况； （11）倡导新要求，针对上司对生产线提出的新要求，要倡导并要求作业员去完成，并在会后检查执行效果； （12）介绍新员工，对于刚进厂的新员工，不但对其介绍公司，自己的单位，且要向全组员工介绍，让大家都认识他、帮助他，使他尽快进入状态，成为和睦集体中的一员； （13）分析质量周报表，让大家都知道自己组上所存在的问题，通过对员工的讲解、分析，让员工知道以后该在哪方面做好，加以改进； （14）倡导生活公约，对生活公约的倡导必须时常为之，不要相信有规定大家就会遵守，讲过一次大家就会记得的神话； （15）嘘寒问暖，关心员工私事，身体状况的组长，员工绝对会感怀于心的，例如在天冷时，在早会上提醒员工应多加件衣服，会有很好的效果； （16）检讨生产力； （17）通告重大事件，比如有重要客户访问、参观厂内活动等，及时通告给员工； （18）倡导提案改善； （19）询问是否有问题，检查早会效果

续表

项　目	具体内容
早会注意事项	（1）忌在早会上当众点名批评个人； （2）忌批评上司及相关单位的同仁； （3）忌谈私人之事； （4）不可以打击作业员士气，否则会使许多员工丧失信心，工作效率降低； （5）不可自暴自弃，不能因为目前自己的各项比赛都处于下游而表现萎靡不振，自暴自弃的样子，否则作业员会受到你影响，同样会自暴自弃； （6）不可挑起内外矛盾； （7）不可抱怨公司政策； （8）忌散布或制造谣言

任务实施

活动：案例分析

1. 早会案例（以下为某生产管理员在早会上的讲话）

大家早上好，请大家按照编队站好，立正，向右看齐。张国强，清点人数，马上报告。今天早上我主要和大家说说几个问题，大概占用大家 5 min 的时间。

（1）最近的业绩有缓慢的提升，每天我们都会进步一点，这一点非常好！希望大家再接再厉，努力做好该做的事情，昨天我们圆满完成生产目标。

（2）张庆、王波请假。今天李清归假，做张庆的位置。王波的位置由万能工李强暂时顶上，我会尽快在其他线上借一个人。

（3）今天有一个新到的同事梁国栋，大家欢迎！梁国栋，你上来做一个自我介绍。

（4）希望大家尽快熟悉起来，梁国栋，也希望你在我们这个大家庭能工作顺利。

（5）通报一个消息，今天早上公司领导会来检查工作，希望大家干好自己的工作，打起精神，给领导一个好印象。

（6）我们生产 C 线正在申报优秀线，现在正在考察阶段，批下来我们线就有 5 000 元活动经费。

（7）昨天上线时，赵钱及时指出设备问题，得到及时检修，让我们生产没有受到影响，我代表我们线感谢赵钱。

（8）我要说的就是这些，大家还有什么问题没有？如果有问题及时反映，没有问题，就到岗位上准备上线。

2. 活动形式

以小组为单位进行案例分析。

3. 活动过程

（1）教师向同学们说明本次活动的目的、内容及注意事项。

（2）学生在预习“知识准备”，认真研读案例并在教师的指导下，就以下研讨问题展开讨论：

◆ 案例中涉及了哪些知识准备里面的内容？

◆ 案例中没有涉及哪些知识准备里面的内容？

◆ 案例中哪些问题应该换一种说法，或者怎么处理？

◆ 如果你是这位管理者，你还会做什么准备，会怎么做？

（3）组长负责记录，小组代表报告研讨结果。

（4）学生对本次活动的开展情况进行自我评价；小组组员对本次活动的开展情况进行互评；小组组长根据学生本人、小组组员评价情况再综合评价；教师对本次活动的开展情况进行评价；对主要存在的争议问题加以解答；对表现好的小组和个人给予表扬或奖励。

（5）填写好研讨记录，见表 A–6。

表 A–6 研 讨 记 录

研 讨 记 录	
小组成员	
个人意见	
小组结论	
教师评价	

任务拓展

（1）结合班级情况，根据班级情况进行模拟生产早会的准备，并在班级中开一个模拟早会。

（2）企业里面除了早会以外，一般都有晚会，请结合案例分析，写出晚会内容。

补充阅读

《现场管理的三大工具》《生产管理工具箱》《生产现场》。

学习评价

本任务的学习评价见表 A–7 所示。

表 A-7 学 习 评 价

<table>
<tr><td>学生姓名</td><td></td><td>班级</td><td></td><td>组别</td><td></td><td>自评</td><td>组评</td><td>师评</td></tr>
<tr><td rowspan="5">知识准备
（20 分）</td><td colspan="5">会前预备工作（4 分）</td><td></td><td></td><td></td></tr>
<tr><td colspan="5">早会时间、队形（4 分）</td><td></td><td></td><td></td></tr>
<tr><td colspan="5">早会仪态（4 分）</td><td></td><td></td><td></td></tr>
<tr><td colspan="5">早会主要内容（4 分）</td><td></td><td></td><td></td></tr>
<tr><td colspan="5">开会忌谈的问题（4 分）</td><td></td><td></td><td></td></tr>
<tr><td colspan="6">小　　计</td><td></td><td></td><td></td></tr>
<tr><td rowspan="4">任务实施
（60 分）</td><td colspan="2">评价内容</td><td colspan="3">评价要求</td><td>自评</td><td>组评</td><td>师评</td></tr>
<tr><td colspan="2">任务学习态度（10 分）</td><td colspan="3">积极参与活动和讨论，尊重同学和教师</td><td></td><td></td><td></td></tr>
<tr><td colspan="2">团队角色（30 分）</td><td colspan="3">具有较强的团队精神、合作意识，服从组长安排，能够有效的参与任务，有效地评价小组成员</td><td></td><td></td><td></td></tr>
<tr><td colspan="2">任务实施情况（20 分）</td><td colspan="3">达到学习目标，按要求完成各项任务</td><td></td><td></td><td></td></tr>
<tr><td colspan="6">小　　计</td><td></td><td></td><td></td></tr>
<tr><td rowspan="3">学生素养
（20 分）</td><td colspan="2">评价内容考核要求</td><td colspan="3">评价要求</td><td>自评</td><td>组评</td><td>师评</td></tr>
<tr><td colspan="2">行为习惯（10 分）</td><td colspan="3">中学生行为规范</td><td></td><td></td><td></td></tr>
<tr><td colspan="2">德育（10 分）</td><td colspan="3">考勤，参与认真仔细，根据实际情况进行扣分</td><td></td><td></td><td></td></tr>
<tr><td colspan="6">小　　计</td><td></td><td></td><td></td></tr>
<tr><td>综合评价</td><td colspan="8"></td></tr>
</table>

任务三 提高生产效率

任务描述

通过一个基层管理者的工作案例进行分析，熟悉提高效率的基本方法。

知识准备

生产效率是指固定投入量下，实际产出与最大产出两者之间的比。可反映出达成最大产出、预定目标或是最佳营运服务的程度。亦可衡量在产出量、成本、收入，或是利润等目标下的绩效。电子产品生产企业在提高生产效率主要方法见表 A-8。

表 A-8　提高生产效率的一般方法

名　称	内　容	要　求
1. 加强教育训练	（1）教育训练	各作业员及基层现场生产管理者、QC 都必须经过教育训练来提高制造水平，其内容主要涉及厂规、厂纪、作业方法、质量概念、仪器操作等各方面的课程。每位基层现场生产管理者上完课后，以考试的形式来检验接受效果，不合格者需要重修此课程
	（2）激励士气	作为基层干部，要直接带动自己的部属，鼓励部属，一直保持高昂的斗志。不能常常无端打击、挖苦下属而让他们失去信心
	（3）提高积极性	要努力让员工养成工作热情高、工作态度积极的习惯，要让员工有主动的工作态度面对工作，要适时的给以赞赏、表扬、关怀，使大家具有同甘共苦的决心
	（4）奖优惩劣	任何一个群体，都有优劣之分，在工作上我们要给以适当的奖励与惩罚，比如每月每组评出效率前三名，给予适当的奖励等。在纪律方面，对于违反纪律、表现差的员工，要适当的给予批评教育及处分。这样，才有优劣之分，才能公正评价每个人的功和过
	（5）定目标	在日常生活中，给自己及自己的下级制订一段时间内的目标是非常重要的。首先要定一个大目标，而后给每位作业员定一个小目标，让作业员向既定的目标努力，而且要不断修正目标。制订目标需要根据不同作业员的实际情况，不能盲目和不切实际，原则上按其目前能达到的最高限度制订
	（6）工作专业化	在某一个方面，一个熟练的作业员可顶两三个未做过此类工作的作业员。所以要以各人的长处来安排工作，尽量使大部分人有固定的工作，这样效率才能保持稳定和提高，才能达到所订目标
	（7）提高人员素质	所谓提高人员素质，主要指提高人员的作业素质，花费很大的精力进行教育、训练就是为此。要教导作业员在工作中能分辨出做法的正确与错误，并让其具有基本问题的处理能力。在具体处理过程中，就是分辨出怎样做才不会产生不良品，不良品产生以后怎样处理？例如自主检查、顺序检查等，并不是会背诵就行，而是一定要会运用于工作之中

续表

名　称	内　容	要　求
1. 加强教育训练	(8) 树立技术标准	把工作中表现优秀、效率高、个人作业技巧丰富的员工作为楷模向大家介绍，并让大家观摩其作业过程，形成一种比、学、赶、超的良性竞争气氛
	(9) 提高向心力，减少人员流动	人员流动越快，对公司的损失越大。作为基层干部首要任务就是团结员工，我们可以把公司的发展政策、公司的优点讲给员工听、让员工知道利益来自于全员的努力，让大家为了共同的利益而勤于工作
	(10) 依动作经济原则作业	动作经济原则又称省工原则。怎样在最短的时间以最少的动作完成同样的工作，这是动作经济原则的主旨。管理员根据长期总结出来的作业方法，通过教育训练，以自身的经验教导作业员按此原则作业。也可让作业员自己归纳经验、技巧、互相学习、互相提高
	(11) 鼓励提案改善	俗话说“三个臭皮匠，赛过一个诸葛亮”，长期在第一线工作的员工，对所从事的工作必定有许多好的想法和方案。只是有时认为难启齿或认为没必要讲，所以作为干部要鼓励作业员提出来，提高产力、质量的方法都属于提案改善的范围
	(12) 加强纪律要求	在工作中，严格的纪律是很重要的，要不断倡导和要求，这不但对公司形象、公司利益好处无穷，对作业员自身自制能力和修养的培养养成都有好处。一个纪律不好的团队，不要希望会有好质量或高效率。相反，一个纪律很好、员工向心力很强的团队，不管进行什么活动、碰到什么困难，其做出的业绩都会令人刮目相看
	(13) 加强出勤管制	在自己的小组里，一定要形成良好的出勤风气，不能想来则来，想走则走、打发时间、欺骗公司，值得提出的是：作为干部要自律，不迟到、不早退、不缺勤，以身作则，作下属的楷模
	(14) 加强干部储备	由于干部的离职、升迁、调离等，在同一岗位上干部会经常变换，所以要在平时就培养出储备人选，才不至于使公司形成断层，交接混乱。干部应有宽阔的心胸，全力培养部属，不要怕培训和提拔能力比自己强的部属，干部只有在后继有人的状况下，才会有升迁的机会
	(15) 做好上岗前准备工作	生产线规定干部和员工必须上班前五分钟就位，做好准备工作，保持一个良好的工作环境，不至于正式上班后来回走动、东拉西扯、一片混乱
	(16) 提高效率，配合各种制程改善	提高生产力的最佳最快捷方式是简化作业程序。各种制程改善都是围绕着提高作业效率，减少制程不良率而开展的，所以我们一定要竭力配合此项工作，按要求去做，往往会收到事半功倍的效率
2. 减少异常工时	(1) 做好首件、自检、互检，预防质量问题发生	这里所指质量问题即产品的不良现象。在整个制造过程中，采取了许多杜绝不良产品产生的措施。其中首检、自检是长期总结出来的很有效的方法。在每次上班时，要对每个人所做的第一个产品进行仔细检查，直到发现没有问题时方可正式生产。另一方面，自己所做的每一个产品，要对容易出现的不良现象作重点检查，对上一工序下来的产品也要检查，因为自古就有“旁观者清”的道理
	(2) 降低制程不良率	制程不良率是在制造过程中的不良率。影响不良的因素很多，所以防治不良的方法也很多，作为制造管理干部，把制程中的不良率降到最低是义不容辞的责任。怎样降低呢？对于每一站容易出现的问题要常盯、常检查，对错误的作业方法要及时地、彻底地给予纠正，否则将使公司蒙受损失
	(3) 减少等待时间	在生产中，如果因暂时等待相关人员、材料而造成停线，这是我们管理干部的失职。我们应及时地，不怕麻烦地催。要知道：多了等待时间，就少了创造利润的机会，公司将蒙受无形损失

续表

名　称	内　容	要　求
2. 减少异常工时	（4）减少因标准不一造成的虚工	生产线的作业员与干部，干部与干部，甚至作业员与作业员之间都可能有不同的质量观念、质量标准，有时候会出现自己对他人的质量要求过于苛刻，造成不必要的时间浪费，所以要有统一的质量标准、相同的质量观念，才不会造成无谓浪费
	（5）做好防呆工作	防呆的意思就是：任何人来做这些工作，也不会犯错，也无法犯错。人的大脑不可能时刻都处于紧张状态，精力也不可能时刻保持集中，如果稍一疏忽就可能出现不良现象，所以我们要做好制造时的防呆、安全的防呆，而且倡导全体员工都有防呆意识。很简单的例子：飞速转动的机器，给其套上一个外壳，不仅美观，还有更重要的作用就是安全的防呆。防呆的基本思路是：当你走在有许多条路的交叉口时，如果有一条路很危险，我们就在路口堵死它
	（6）加强质量意识，防止偷工减料所造成的返工	质量都有其严格的标准与要求，一定要培养全员的质量意识，让员工有一般的判断能力，不可一味地为了完成任务偷工减料、过分追求效率。例如：如果要求搅拌两个小时，而我们只搅拌一个小时，造成的返工可能不是再补搅拌一个小时就能补回来的，这实际上是降低了工作效率
	（7）量产前工具准备	每一种新产品在试产上线前，都要做好准备工作，比如工装夹具的准备等，这是一种统筹方法，作好充分的准备，减少等待时间，不至于延误交期
	（8）建立历史卡，积累经验，减少老产品新组别的模索时间	一个老产品，对于一个未做过的组别来说，生产中一定也会经历别的组别所遇到的各种困难。因此为了让后者吸取前者的经验，要把遇到的问题及解决方法记录保存下来，使别人不再重蹈覆辙，节约时间，降低不良
	（9）落实档案管理制度，减少漏失	公司比较大，各种文件很多，很复杂。每种档案都有其存在的作用，所以不可随便漏失，要管制好
	（10）及时回馈质量问题	作为基层干部，对于一些常见的基本问题，要具备处理的能力，而对于一些异常状况，如不良率很高，自己无法解决的问题，一定要知会自己的上司或相关部门，并要不断跟踪催促解决进展情况，绝不可掉以轻心、自作主张，以免造成更大的损失
	（11）备用设备减少等待时间	各种设备与仪器在使用中经常会坏掉，小故障几分钟即修好，而较大的故障或少组件需花很长时间才能修好，所以要经常保持具有几台备用设备，以防止生产线等待而无法正常生产
3. 实现生产平衡	（1）消除瓶颈	对于没有经验的基层干部来说，由于在人力等方面安排的不合理，造成在某些方面制品堆积过多，这样就形成犹如瓶子一样，瓶肚大而瓶颈小，这是流水线作业之大忌。这就需要我们合理调配人力，消除这种瓶颈现象，形成顺畅的流水线。造成瓶颈的另一个原因是在某些工序出现偶发性质量异常，这时，我们要集中精力，协同各部门予以解决，尽快消除异常
	（2）制程合理化	每一种产品都有其生产流程，我们不但要在人数上安排合理，在制程上也要严格按照生产流程去做，顺序不可以倒。否则不但会制造出一大堆不良品，而且使生产线作业犹如逆向流水，很难实现生产平衡
	（3）培养多能工	在生产过程中，人力毕竟是有限的，我们常常为了使各制程之间达到平衡，会对各站人员进行暂时性重新分配，这就需要我们拥有一部分会做多项工作的熟练员工（多能工或万能工），所以在平时就要悉心加以培养，以便调配
	（4）协调各部门配合，经常跟催	生产线经常会出现各种问题，如质量异常，机器、仪器故障等，这些问题会影响正常生产。基层干部应积极地和相关部门交流来解决这些问题，使生产线尽快剔除这些“病变”

续表

名　称	内　容	要　求
3. 实现生产平衡	(5) 资源共享，互相支持	有时因客户要求，或因订单状况的不一样，造成生产线与生产线之间分配不平均，使有些生产线生产压力很大，而有的生产线则无所事事。这时，我们要有帮人之心，要有互利之心，为了公司的整体利益，服从上司安排，资源共享，互相支持
	(6) 各工位人员的调配	各工位人员的调配要合理，也要灵活，目的是保证生产线的平衡
	(7) 配合 IPQC 做好产品试线工作	新产品试做时，各种工作尚待展开，而且每个新产品都会存在或多或少的问题，为了尽快使新产品实现量产，满足客户的交期，我们基层现场生产管理者要尽力配合 IPQC 试线工作，随时掌握并处理问题
	(8) 做好每日所需工装夹具、设备、原辅材料的准备	每日上班前，检查工装夹具及设备是否完好，并要检查所需材料是否齐备，一定要保证生产线不因缺料等原因而使某些制程停线，否则会造成生产线不平衡
	(9) 每日核对目标达成与否，并采取对策	根据月需求计划，每日都订有生产目标，对每日的目标要时时核对达成状况，只有每日目标达成，则每月、每季的目标就自然达成。如果因人力不足、缺料等原因造成目标未达成，要对症下药及时处理，否则将造成整个生产进度在时间上的不平衡
4. 实现生产合理化	(1) 小批产品集中化，减少换线率	对于小批量的产品，也要集中生产，不但在空间上，也时间上也要集中
	(2) 提高换线效率的能力	这里所指的换线，包括改型号、换材料、试机等环节。换线效率高，耽误的作业时间越少，就能创造更多的利润。所以换线时从领料、试机到试线成功，要以最快的速度进入正常生产状态
	(3) 有效控制生产进度	生产进度的控制，对于公司的利益有着极其重要的作用，原则上按照进度生产，不能太慢，否则要延误对客户的交期，严重影响公司的形象及前途。所以作为基层干部，要熟知生产进度，合理安排上班和下班，这是一项非常重要的基本能力
	(4) 减少 WIP（半成品）	半成品及原材料在生产线积压会带来危害，造成资金积压，资金流动慢。而且影响环境，影响生产，造成产品空气中暴露时间过长，质量下降。因此每天流进多少，每天必须流出多少，让生产线上的成品、半成品、原材料减少。生产在线积压成堆这是基层管理的一个大忌

任务实施

1. 案例展示

今天，赵钱被生产部长叫到办公室。生产部长给赵钱看了这两个月的生产记录，并告诉他：你们 C 线现在正在申报优秀线，但是这个生产记录上并没有体现出你们有多优秀。我们现在生产的这批产品任务比较紧，我现在要给你们增加一点产量才行，但是，在量上增加了，可不能在质量上打折扣，报废产品也不能超标。厂里面近期会组织一个生产效率大比拼的比赛，希望你们能够获奖，这对你们申报的优秀线可以说是决定成败的因素，还有对你个人的能力也是一个考验，希望你能正确把握和对待，用事实说话！

2. 活动形式

以小组为单位进行案例分析。

3. 活动过程和要求

（1）教师向同学们说明本次活动的目的、内容及注意事项。

（2）学生在预习“知识准备”，认真研读案例并在教师的指导下，就以下研讨问题展开讨论：

◆ 案例中所涉及的问题主要是什么问题？

◆ 案例中涉及的问题，用〖知识准备〗里的哪些知识可以处理？

◆ 案例中这些问题应该具体怎么处理？

◆ 如果你是这位基层管理者赵钱，你会怎么做？

（3）组长负责记录，小组代表报告研讨结果。

（4）学生对本次活动的开展情况进行自我评价；小组组员对本次活动的开展情况进行互评；小组组长根据学生本人、小组组员评价情况再综合评价；教师对本次活动的开展情况进行评价；对主要存在的争议问题加以解答；对表现好的小组和个人给予表扬或奖励。

（5）填写好研讨记录，见表 A-9。

表 A-9　研 讨 记 录

研 讨 记 录	
小组成员	
个人意见	
小组结论	
教师评价	

任务拓展

寻找参加过教学实习、顶岗实习的同学或朋友，了解生产过程，利用所学知识进行总结归纳，完成一份《基层管理者提高效率管理措施》的报告。

补充阅读

《现场管理的三大工具》《生产管理工具箱》《生产现场》等。

学习评价

本任务的学习评价见表 A-10 所示。

表 A–10　学习评价

<table>
<tr><td>学生姓名</td><td></td><td>班级</td><td></td><td>组别</td><td></td><td>自评</td><td>组评</td><td>师评</td></tr>
<tr><td rowspan="4">知识准备
（20 分）</td><td colspan="5">加强教育训练（5 分）</td><td></td><td></td><td></td></tr>
<tr><td colspan="5">减少异常工时（5 分）</td><td></td><td></td><td></td></tr>
<tr><td colspan="5">实现生产平衡（5 分）</td><td></td><td></td><td></td></tr>
<tr><td colspan="5">实现生产合理化（5 分）</td><td></td><td></td><td></td></tr>
<tr><td colspan="6">小　　计</td><td></td><td></td><td></td></tr>
<tr><td rowspan="4">任务实施
（60 分）</td><td colspan="2">评价内容</td><td colspan="3">评价要求</td><td>自评</td><td>组评</td><td>师评</td></tr>
<tr><td colspan="2">任务学习态度（10 分）</td><td colspan="3">积极参与活动和讨论，尊重同学和教师</td><td></td><td></td><td></td></tr>
<tr><td colspan="2">团队角色（30 分）</td><td colspan="3">具有较强的团队精神、合作意识，服从组长安排，能够有效地参与任务，有效地评价小组成员</td><td></td><td></td><td></td></tr>
<tr><td colspan="2">任务实施情况（20 分）</td><td colspan="3">达到学习目标，按要求完成各项任务</td><td></td><td></td><td></td></tr>
<tr><td colspan="6">小　　计</td><td></td><td></td><td></td></tr>
<tr><td rowspan="3">学生素养
（20 分）</td><td colspan="2">评价内容考核要求</td><td colspan="3">评价要求</td><td>自评</td><td>组评</td><td>师评</td></tr>
<tr><td colspan="2">行为习惯（10 分）</td><td colspan="3">中学生行为规范</td><td></td><td></td><td></td></tr>
<tr><td colspan="2">德育（10 分）</td><td colspan="3">考勤，参与认真仔细，根据实际情况进行扣分</td><td></td><td></td><td></td></tr>
<tr><td>综合评价</td><td colspan="8"></td></tr>
</table>

任务四

控制生产质量

任务描述

通过一个基层管理者的工作案例进行分析，熟悉基层管理者控制生产质量的基本方法。

知识准备

“质量”一般有两种含义。一是产品的质量，即产品合格与否；二是生产产品过程的质量，即生产过程是不是合理，是不是与企业设定的管理基准一致。

生产质量首先要保证产品合格，符合产品的规格要求。并且，整个生产流程严格遵照企业生产流程的管理规定。电子产品生产过程中控制生产质量的方法见表A-11。

表A-11 控制生产质量的方法

控制项	控制环节	操作内容和方法
1. 预防不良产品产生	（1）做好技术设计	在每一个产品生产之前，都应该按照一定的技术要求做好设计，避免一切能够避免的生产问题
	（2）提高作业员的品质观念	通过教育训练及平时的现场教导，让作业员了解质量的重要性，进而自动自发的做好质量
	（3）生产中各种检查	做好首件检查、自检、巡检、抽检
	（4）样品管理	样品要经过品管、技术确认方可使用，样品量具要定期校验，防止特性变化太大
	（5）不良品要及时处理	生产线的不良品每天要定时处理，不能几天堆积在一起处理
	（6）仪器的校验	除了仪器要定期校验外，当怀疑仪器有问题时，也要报质量部门校正
	（7）成品及原材料尾数应标示	生产线有多种成品及原材料时，尾数很容易混料，所以应将不同尾数分开放置，并把品名或料号标示清楚
	（8）物料的分装	相同的材料不同供货商要用不同材料盒装，以免混料
	（9）物料的管理	配件、原辅材料退回仓库时要标明料号，并交仓管员摆放，不允许自己放
	（10）不良品存放	不良品要用质量黄卷标标清楚，并确认放在不良品盒内，报废品用红盒装
	（11）换线时要提醒品管核查	换线时，可能会出现问题，请品管核查，发现问题及时解决
	（12）如实、及时填写历史卡	某一个产品在生产过程中的经验及教训，都应及时填入历史卡中，以便下一次生产时借鉴与预防。包括：新产品量产前应先试做小试、中试，以便确定是否量产，避免高不良率产生；质量异常单存盘，以便将来借鉴

续表

控制项	控 制 环 节	操作内容和方法
2. 良好的开始	(1) 熟悉生产规格、生产流程	生产规格与生产流程是最基本的依据，生产前一定要先熟悉每个细节，不能边做边看，并要注意其样本是否正确
	(2) 新人标识	新人作业要挂牌，提醒各相关单位人员注意。新人上线作业时往往会出现很多问题，需要基层现场生产管理者及品管等多注意教导及督促，所以应告知各相关单位人员，并将其生产之材料与其他员工区分开来
	(3) 新人教导及抽检	教导作业员正确的作业方法及注意事项，并加以抽检
	(4) 试做讲解	新产品上线老产品换组生产时，要进行试做讲解，这样可以帮助作业员确认物料及工具的状况，同时还可帮助了解生产的注意事项及一些细节问题，所以试做讲解是很重要的
	(5) 收料	收料时要注意点核材料是否正确。由于种种原因可能发错或送错料、原材料混料，所以收料时除了清点数量外，还要注意材料是否正确
	(6) 试线审核	老产品上线、材料变更或材料特采应要求品管试线，不要直接沿用旧的检查手段，对特性不稳定的产品应增加抽检。频率机、仪器及工装夹具维修后，需经审核方可使用，为了保证夜班的质量，新进人员应安排在白天，以利于教导和督促
3. 处理质量异常	(1) 异常报告	出现异常立刻报告。为了及时有效地处理异常状况，发生异常应及时报告上级
	(2) 不良品处理	不良品应区分、隔离，严重时应停线
	(3) 作业员异常	对被贴红灯标签的作业员，应了解原因并进行处理。对被贴红灯的作业员应了解错在哪里、如何预防，避免下次再犯
	(4) 退货情况	退货后应想办法防止再发生同样问题
	(5) 质量异常	出现质量异常时，应检讨类似产品是否会有同样问题产生。某一产品有某一问题，则类似产品也可能会有相似问题，所以举一反三、融会贯通很重要，不要被同一块石头绊倒两次
	(6) 返工测试	返工的产品一定要经过重新测试。返工过程中可能会制造新的不良产品，所以返工的产品一定要重新测试审核，并且要对返工产品单独管制，不可和正常产品混在一起
	(7) 客户投诉	客户投诉的质量问题一定要开会检讨。为了给客户一个满意的答复，预防问题再次发生，当有客户投诉质量问题时，一定要开会检讨，慎重面对
	(8) 异常改善	质量异常时要追踪改善效果。质量异常时，要采取一些对策，并应不断追踪，直至完全改善

任务实施

1. 案例展示

今天，生产部长组织所有生产线的线长及品检员开会。主要传达的事情就是，今天很多产品被退货，因为不良品过多，而且涉及好几条生产线。生产部长会上大发雷霆，要求生产部所有基层领导进行一次质量水平大检查。要求各个线长拿出具体措施和具体方法，马上提升质量产品，降低不良率。并告诉他们，这次质量水平大检查，要抓几个典型出来，对大家的考核，要体现出来差别。做得好的，会加以奖励并推广；做得不好的，要究其原因；怠慢工作的，马上处理。在质量水平大检查当中，如果有需要，有建议的，只要合理，都会尽量地支持，希望大家把握好这次机会，这对个人的能力也是一个考验，可以借此把自己的管理水平进一步提高！

2. 活动形式

以小组为单位进行案例分析。

3. 活动过程和要点

（1）教师向同学们说明本次活动的目的、内容及注意事项。

（2）学生在预习“知识准备”，认真研读案例并在教师的指导下，就以下研讨问题展开讨论：

① 案例中所涉及的主要是什么问题？

② 案例中涉及的问题，用〖知识准备〗里的哪些知识可以处理？

③ 案例中这些问题具体应该怎么处理？

④ 如果你是一名基层管理者，你会怎么做？

（3）组长负责记录，小组代表报告研讨结果。

（4）学生对本次活动的开展情况进行自我评价；小组组员对本次活动的开展情况进行互评；小组组长根据学生本人、小组组员评价情况再综合评价；教师对本次活动的开展情况进行评价；对主要存在的争议问题加以解答；对表现好的小组和个人给予表扬或奖励。

（5）填写好研讨记录，见表 A-12。

表 A-12 研讨记录

研讨记录	
小组成员	
个人意见	
小组结论	
教师评价	

任务拓展

寻找参加过教学实习、实习的同学或朋友，了解生产过程，利用所学知识进行总结归纳，写一篇《基层管理者提升质量水平的管理措施》的文章。

补充阅读

《现场管理的三大工具》《生产管理工具箱》《生产现场》等。

学习评价

本任务的学习评价见表 A-13 所示。

表 A-13 学 习 评 价

<table>
<tr><td>学生姓名</td><td></td><td>班级</td><td></td><td>组别</td><td></td><td>自评</td><td>组评</td><td>师评</td></tr>
<tr><td rowspan="3">知识准备
（20 分）</td><td colspan="5">预防不良产生（5 分）</td><td></td><td></td><td></td></tr>
<tr><td colspan="5">良好的开始（5 分）</td><td></td><td></td><td></td></tr>
<tr><td colspan="5">处理质量异常（10 分）</td><td></td><td></td><td></td></tr>
<tr><td colspan="6">小　　计</td><td></td><td></td><td></td></tr>
<tr><td rowspan="4">任务实施
（60 分）</td><td colspan="2">评价内容</td><td colspan="3">评价要求</td><td>自评</td><td>组评</td><td>师评</td></tr>
<tr><td colspan="2">任务学习态度（10 分）</td><td colspan="3">积极参与活动和讨论，尊重同学和教师</td><td></td><td></td><td></td></tr>
<tr><td colspan="2">团队角色（30 分）</td><td colspan="3">具有较强的团队精神、合作意识，服从组长安排，能够有效的参与任务，有效地评价小组成员</td><td></td><td></td><td></td></tr>
<tr><td colspan="2">任务实施情况（20 分）</td><td colspan="3">达到学习目标，按要求完成各项任务</td><td></td><td></td><td></td></tr>
<tr><td colspan="6">小　　计</td><td></td><td></td><td></td></tr>
<tr><td rowspan="3">学生素养
（20 分）</td><td colspan="2">评价内容考核要求</td><td colspan="3">评价要求</td><td>自评</td><td>组评</td><td>师评</td></tr>
<tr><td colspan="2">行为习惯（10 分）</td><td colspan="3">中学生行为规范</td><td></td><td></td><td></td></tr>
<tr><td colspan="2">德育（10 分）</td><td colspan="3">考勤，参与认真仔细，根据实际情况进行扣分</td><td></td><td></td><td></td></tr>
<tr><td colspan="6">小　　计</td><td></td><td></td><td></td></tr>
<tr><td colspan="2">综合评价</td><td colspan="7"></td></tr>
</table>

参 考 文 献

[1] 罗百辉，陈勇明．生产管理工具箱[M]．2 版．北京：机械工业出版社，2011.

[2] 孙艳．电子测量技术实用教程[M]．北京：国防工业出版社，2008.

[3] 王成安．电子产品生产工艺与生产管理[M]．北京：人民邮电出版社，2010.

[4] 区军华．电子整机装配工艺与技能训练[M]．北京：电子工业出版社，2007.

[5] 冉建平．电子产品生产与检验[M]．重庆：重庆大学出版社，2011.